Shahad Tariq Hamad
Kais Kassim Ghaima

Análise de fusão multiplex de alta resolução como ferramenta de diagnóstico

AF672013

Shahad Tariq Hamad
Kais Kassim Ghaima

Análise de fusão multiplex de alta resolução como ferramenta de diagnóstico

Identificação de genes de resistência aos carbapenemes isolados de doentes iraquianos

ScienciaScripts

Imprint

Cover image: www.ingimage.com

This book is a translation from the original published under ISBN 978-620-7-48690-8.

Publisher:
Sciencia Scripts
is a trademark of
Dodo Books Indian Ocean Ltd. and OmniScriptum S.R.L publishing group

120 High Road, East Finchley, London, N2 9ED, United Kingdom
Str. Armeneasca 28/1, office 1, Chisinau MD-2012, Republic of Moldova, Europe
Managing Directors: Ieva Konstantinova, Victoria Ursu
info@omniscriptum.com

Printed at: see last page
ISBN: 978-620-8-38481-4

Conteúdo

Dedicação

Pela alma do meu querido pai. Os anos podem ter passado mas eu nunca esquecerei
e estarás sempre no meu coração, na **alma do** meu **Pai.**
À vela que ilumina o caminho da minha vidaA minha **mãe**.
Para aqueles que iluminam o meu caminho, o meu amor, **o meu irmão Mustafa**.
Ao meu amor infinito **às minhas irmãs (Hadeel, Hind, Heba).**
A todos os que me ajudaram e encorajaram na minha vida...

SHAHAD

Agradecimentos

Em nome de "Alá", que merece todos os louvores e agradecimentos por me ter inspirado a vontade, a força e a paciência para realizar este trabalho, e que a paz e a oração estejam com o seu mensageiro, o principal mensageiro das criaturas, o Profeta Maomé, a sua família e os seus companheiros. Gostaria de expressar o meu profundo e verdadeiro reconhecimento ao meu supervisor, **Dr. Kais Kassim Ghaima**, pela sua compreensão e supervisão encorajadora, que desempenhou um papel importante no sucesso de todas as experiências do meu projeto de doutoramento.

Agradecimentos especiais ao Instituto de Engenharia Genética e Biotecnologia para Estudos de Pós-Graduação, especialmente ao Diretor, **Professor Assistente, Dr. Saif .D. Al-Ahmer**, e a todos os membros do Instituto pela sua cooperação e apoio.

Agradeço especialmente ao **Prof. Dr. Abdulameer M. Ghareeb** e ao **Prof.** Gostaria de agradecer aos meus amigos, a quem agradeço especialmente a **Asmaa Ghafer, Shahad Maid e Riyam Bassim**, pois, sem a sua ajuda e apoio, não teria concluído este estudo como desejado.

SHAHAD

Resumo

Klebsiella pneumoniae é um dos principais patógenos entre os pacientes do trato urinário com alta resistência à maioria dos antibióticos usados para tratamento, especialmente antibióticos carbapenêmicos. Neste estudo, foram recolhidas 250 amostras de urina de doentes com infecções do trato urinário (ITU) de hospitais de Bagdade no período compreendido entre o início de novembro de 2020 e o final de março de 2021. Todas as amostras de urina foram inoculadas por alça estéril imediatamente em ágar MacConkey e cultivadas em meio CHROMagar Orientation. Para confirmar a identificação dos isolados foi utilizado o sistema VITEK2, foram obtidos oitenta isolados *de K. pneumoniae* 32%, sendo que a prevalência dos isolados foi maior no sexo feminino 72,5% em comparação com o sexo masculino 27,5%. A maior percentagem de isolados *de K. pneumoniae* provinha de indivíduos na faixa etária até 45 anos 37%, enquanto a menor percentagem 16,25% se encontrava na faixa etária 15-25 anos.

O teste de suscetibilidade antimicrobiana de todos os isolados foi determinado pelo método de difusão em disco, os isolados eram multirresistentes, sendo a taxa de resistência de 97,5% à amicacina e à rifambicina, 92.5% à Cefotaxima, Ceftazidima e Piperacilina, seguida de 90% à Ceftriaxona e Aztreonam 87,5%, Trimetoprim/sulfametoxazol e Cefepima 85% e Imipenem 62,5%, enquanto a resistência mais baixa foi registada para a Colistina e Tigaciclina 17,5%.

A reação em cadeia da polimerase (PCR) foi utilizada para a deteção de genes de carbapenemases, que incluíam *bla-OXA48, bla-VIM, bla-IMP, bla-KPC* e *bla-NDM.* Os resultados demonstraram que os genes mais prevalentes eram *bla-IMP* 37,5%, *bla-OXA48* 30% e *bla-VIM* 28,75%, seguidos de *bla-KPC* 20% e *bla-NDM* 11,25%. A maioria dos isolados que albergam os genes da carbapenemase revelaram uma elevada resistência à maioria das cefalosporinas e carbapenemes.

O objetivo deste estudo foi desenvolver um RT-PCR multiplex com análise de fusão de alta resolução (HRM) para a deteção rápida e precisa de cinco genes de carbapenemases em isolados *de K. pneumoniae* resistentes a carbapenemes, para além do gene de manutenção *16S rRNA*. Foram concebidos seis pares de primers e condições de RT-PCR de acordo com o software Beacon designer. A identificação dos genes foi efectuada através de curvas de fusão e temperaturas com Multiplex RT-PCR utilizando um reagente HRM dedicado. Este é o primeiro ensaio de deteção dos principais genes de carbapenemases num ensaio de dois tubos, permitindo a deteção simultânea de 5 dos mais importantes marcadores de resistência às cefalosporinas e carbapenemes de 3ª geração.

No tubo do primeiro painel, a reação incluiu *bla-IMP, bla-VIM e bla-NDM.* Os resultados revelaram que os valores da temperatura de fusão (TM) foram (81,1° C, 84,5° C e 86,1° C), respetivamente, enquanto o tubo do segundo painel contém a reação de *16S rRNA*, *bla-OXA 48 e bla-KPC* . Os valores da temperatura de fusão (TM) foram (84,5° C, 81,7° C e 89,35° C), respetivamente, numa corrida de 2 horas. Os genes mais prevalentes foram o *bla-IMP* 38,75% , *o bla-OXA48* 36,25% e *o bla-*

VIM 36,25% , seguidos do *bla-KPC* 21,25% e *do bla-NDM* 13,75%.
Na comparação dos dois métodos de deteção molecular de *K. pneumoniae* dos genes da carbapeneamse em isolados de *K. pneumoniae*, verificou-se que a técnica HRM é mais exacta, mais rápida e mais barata do que a técnica PCR, uma vez que lida com a TM específica de cada gene.
A fim de avaliar o papel dos genes *bla-IMP* e *bla-VIM* na resistência aos carbapenemes entre os isolados *de K. pneumoniae*, a expressão dos genes destes genes foi medida na presença e na ausência do antibiótico meropenem com concentração subinibitória. A presença dos genes de resistência *bla-IMP* e *bla-VIM* foi detectada por PCR em tempo real. Os resultados deste estudo mostraram que o nível de expressão mais elevado
do *bla-IMP* e do *bla-VIM* aumentaram nas estirpes resistentes na presença de meropenem, onde o intervalo de dobras da expressão do gene do *bla-VIM* foi de 1,3 a 8,3, enquanto que para o gene *do bla-IMP* foi de 1,5 a 8,4, em comparação com o controlo.

CAPÍTULO 1

1.Introdução

As infecções do trato urinário (ITU) representam uma das infecções bacterianas mais comuns. Os factores de risco das ITU incluem urolitíase, insuficiência renal, obstrução urinária, dispositivos de drenagem e cateteres de demora, disfunção miccional, cirurgia do trato urinário, sistema imunitário comprometido, diabetes mellitus, sexo masculino e gravidez (Elshamy *et al.*, 2021).

A Klebsiella pneumoniae é um agente patogénico oportunista e uma das bactérias mais importantes nas infecções hospitalares, causando infecções dos tecidos moles, septicemia, pneumonia e infecções do trato urinário em doentes internados em enfermarias hospitalares. Esta espécie apresenta uma elevada resistência aos antibióticos betalactâmicos, especialmente aos carbapenemes, através da produção de betalactamases (Yu *et al.*, 2020). A produção de carbapenemase aumentou o risco de insucesso da medicação antimicrobiana, restringindo as escolhas terapêuticas e desencadeando a infeção do trato urinário (ITU), que continua a ser a mais prevalente nas ITU (Walker e Miller, 2020).

O aumento da utilização de carbapenemes levou ao aparecimento de resistência aos carbapenemes (RC) em bactérias Gram-negativas (BGN), sendo estes agentes patogénicos RC capazes de se propagar no ambiente hospitalar e na comunidade (Bush e Bradford, 2020). A rápida propagação da RC representou uma crise de saúde pública mundial devido à falta de novos agentes antimicrobianos que pudessem ser utilizados como tratamento alternativo de último recurso (Codjoe e Donkor, 2017).

A resistência aos carbapenemes em isolados *de K. pneumoniae* é mediada por vários mecanismos, como o aumento da produção de bombas de efluxo, a redução da permeabilidade da membrana externa e a produção de carbapenemases, que são enzimas ß-lactamases capazes de hidrolisar antimicrobianos ß-lactâmicos e carbapenemes (Nordmann e Poirel, 2019). As carbapenemases mais comuns, com base na hidrólise dos carbapenemes e na disseminação geográfica dos surtos, são as carbapenemases *blaKPC da Klebsiella pneumoniae*, a metalo-ß-lactamase *bla-NDM* de Nova Deli, as carbapenemases *bla-IMP* da Pseudomonas resistente aos imipenemes, a metalo-ß-lactamase *bla-VIM* codificada pelo integrão Verona e os tipos *semelhantes à* oxacilinase *bla-OXA-48*. São codificadas pelos genes *bla-KPC, bla-NDM, bla-IMP, bla-VIM* e *bla-OXA-48*, respetivamente (Naas *et al.*, 2017).

A análise de fusão de alta resolução (HRMA) é usada para caraterizar amostras de DNA bacteriano de acordo com seu comportamento de dissociação à medida que passam de DNA de fita dupla para DNA de fita simples com o aumento da temperatura e deteção de fluorescência (Ohadi *et al.*, 2019; Tahmasebi *et al.*, 2020). Este raciocínio é alcançado usando corantes intercalantes. O corante intercalante liga-se explicitamente ao ADN de cadeia dupla e forma a fluorescência estável, pelo que se pode monitorizar a quantidade relativa do produto durante a amplificação do ADN na PCR em tempo real (Schiwek *et al.*, 2020). Tem um maior poder de resolução, uma vez que as curvas de fusão de diferentes amplicões podem ser diferenciadas com base na forma da curva de fusão, mesmo quando os valores da temperatura de fusão são os mesmos (Dehbashi *et al.*, 2020, Landolt *et al.*, 2019).

A análise de fusão de alta resolução (HRMA) tem potencial para ser uma ferramenta poderosa no laboratório de microbiologia clínica, proporcionando uma deteção rápida de determinantes genéticos que conferem resistência aos antibióticos para complementar os actuais métodos de teste de suscetibilidade antimicrobiana fenotípica (Woksepp *et al.*, 2014; Bodnar *et al.*, 2016). A tipagem HRMA é uma opção compassiva, rápida e económica para fins de deteção (Ashrafi *et al.*, 2017; Slomka *et al.*, 2017). Pode realizar genotipagem altamente precisa para uma grande quantidade de amostras num curto espaço de tempo (Tahmasebi *et al.*, 2020). A HRMA também é uma tecnologia simples que pode realizar tanto a análise PCR como a HRMA num único instrumento (Slomka *et al.*, 2017).

O objetivo do estudo

1- Desenvolver um RT-PCR multiplex com análise de fusão de alta resolução (HRM) para a deteção rápida e exacta de cinco genes de carbapenemases em isolados de *K. pneumoniae* resistentes aos carbapenemes, para além da análise do gene de referência *16S rRNA* de acordo com o software Beacon designer.

2- Deteção de genes de carbapenemases (*bla-IMP, bla-VIM*, *bla-KPC*, bla-NDM e *bla-OXA48*) por PCR convencional.

3- Comparação de dois métodos de deteção de genes de carbapeneamse.

4- Avaliar a correlação entre a resistência aos carbapenemes e os principais genes da carbapenemase *(bla-IMP* e *bla-VIM)* através da medição da expressão genética na presença e ausência do antibiótico Meropenem.

CAPÍTULO 2

2.1 Infecções do trato urinário

A infeção do trato urinário (ITU) é uma das principais causas de infeção em seres humanos na comunidade e em meio hospitalar em todo o mundo. As infecções do trato urinário são um grave problema de saúde que afecta milhões de pessoas todos os anos. As infecções do trato urinário são o segundo tipo de infeção mais comum. A incidência de ITU ocorre devido a muitos agentes patogénicos, incluindo bactérias gram-negativas e gram-positivas e certos tipos de fungos (Al-Awkally *et al.,* 2022). As infecções do trato urinário são consideradas uma das infecções mais comuns causadas por bactérias, com 150 milhões de pessoas afectadas anualmente em todo o mundo (Motse *et al.*, 2019). Estas infecções são as principais causas de morbilidade, particularmente em bebés, homens idosos e mulheres de todas as idades (Chaudhri *et al.*, 2020).

A infeção do trato urinário contribui para todas as infecções com aproximadamente 50% de bacteriemia, o que pode resultar em hospitalização, resultando consequentemente num aumento da morbilidade e mortalidade (Sako *et al* ., 2021). É importante notar que as ITU abrangem um vasto leque de doenças que variam de assintomáticas a sintomáticas e que podem eventualmente levar à morte se não forem tratadas. No caso das ITU assintomáticas, as bactérias são frequentemente isoladas a partir de amostras de urina sem sintomas médicos, sendo assim reconhecidas como bacteriúria assintomática, ao passo que as ITU sintomáticas são ainda categorizadas com base no local de isolamento do agente patogénico, ou seja, como pielonefrite e cistite, em que a primeira envolve o isolamento de bactérias da estrutura urinária superior, por exemplo, o rim, e a segunda o isolamento do sistema urinário inferior, por exemplo, a bexiga (Kumar *et al.*, 2016; Smelov *et al.*, 2016).

Mais ainda, a urossepsia pode ocorrer quando os agentes patogénicos que causam as ITU se propagam do trato urinário para a corrente sanguínea, resultando numa infeção sistémica (Li *et al.*, 2022).

A Escherichia coli e *a Klebsiella pneumoniae* são as Enterobacteriaceae mais descritas como principais agentes patogénicos das ITU, com um aumento da prevalência de resistência antimicrobiana, tendo sido referido que, *a* nível mundial, todos os anos, *a E. coli* é responsável por 130-175 milhões de infeções do trato urinário, sendo *a K. pneumoniae* também considerada a terceira maior causa de bacteriemia em França, em associação com outras bactérias Gram negativas (Surgers *et al.*, 2019).

2.1.1 Classificação das Infecções do Trato Urinário

As infecções do trato urinário são as mais comuns de todas as infecções. Foram elaboradas diferentes classificações para ajudar os médicos a escolher o tratamento e a determinar a causa das ITU (White, 2011).

2.1.1.1 Infeção primária e recorrente

As infecções do trato urinário são classificadas como primárias ou recorrentes, consoante se trate da primeira infeção ou de eventos repetidos. O tipo de infeção recorrente pode ser mais classificado de acordo com o local onde é contraído, em infecções adquiridas na comunidade ou em infecções hospitalares

1. Adquiridas na comunidade. Pensa-se que a maioria das ITUs se desenvolve na comunidade em geral. Não se sabe ao certo como ocorrem as infecções primárias adquiridas na comunidade ou como se propagam.
2. Infecções adquiridas no hospital. As ITU também são frequentemente adquiridas no hospital, muitas vezes devido a cateteres urinários contaminados (Tan e Chlebicki, 2016).

2.1.1.2 Não complicada e complicada

Clinicamente, as ITU são categorizadas como complicadas ou não complicadas (Luthje e Brauner, 2016). As infeções não complicadas são apenas infeções bacterianas, na maioria das vezes (*E. coli*) e consistem em:

I. Cistite: é a infeção do trato urinário mais corrente e é frequentemente designada por ITU aguda não complicada. Aparece no trato urinário inferior (a bexiga e a uretra).

II. Pielonefrite (infeção dos rins): Quando a infeção se espalha para o trato superior (os ureteres e os rins), chama-se pielonefrite.

III. Uretrite: Quando a infeção se limita apenas à uretra, é conhecida como uretrite. Trata-se de uma doença sexualmente transmissível mais comum nos homens (Workowski e Bolan, 2015).

As infecções complicadas, que ocorrem quase tão frequentemente nos homens como nas mulheres, também são causadas por bactérias, mas ocorrem em resultado de alguma anomalia anatómica ou estrutural (Yusuf *et al.,* 2015). As ITU complicadas são definidas como ITU associadas a factores que comprometem o trato urinário ou a defesa do hospedeiro, incluindo obstrução urinária, retenção urinária causada por doença neurológica, imunossupressão, insuficiência renal, transplante renal, gravidez e presença de corpos estranhos como cálculos, cateteres de demora ou outros dispositivos de drenagem (Levison, 2013). A ITU nosocomial (ITUN) também é mencionada como infeção associada a cateteres ou ITU complicada, normalmente devida a bactérias adquiridas no hospital (Albu *et al.,* 2018).

2.1.2 Agentes causadores de infecções do trato urinário

Os agentes causadores das ITU são bactérias Gram-positivas e Gram-negativas, bem como alguns fungos (Bitew *et al.*, 2022). No entanto, o agente causador mais comum das bactérias das ITU pertence à família Enterobacteriaceae, que inclui *Escherichia coli* , *Klebsiella pneumoniae* , *Proteus mirabilis*, *Citrobacter* e *Enterobacter* . Outras bactérias causadoras comuns incluem *Acinetobacter baumannii* , *Pseudomonas aeruginosa* , *Staphylococcus saprophyticus* , *Staphylococcus aureus, Streptococcus faecalis* e *Enterococcus faecalis* (Bedenic e Mestrovic, 2021).

Os microrganismos mais comuns responsáveis pelas ITU não complicadas são os pertencentes ao grupo conhecido como *E. coli* uropatogénica (UPEC). Esta espécie de bactéria está originalmente presente no intestino, mas pode ser dispersa através de produtos alimentares contaminados e vias orais-fecais, e também está entre os agentes causadores comuns de infeções nosocomiais (Karam *et al.*, 2019). Além disso, *S.*

saprophyticus, P. mirabilis e *Klebsiella* spp também são relatados como agentes causadores de ITUs não complicadas (Terlizzi *et al.*, 2017).

Em contrapartida, as ITU complicadas são maioritariamente causadas por bactérias Gramnegativas, incluindo *Escherichia coli, Proteus spp, Enterobacter* spp, *Pseudomonas aeruginosa* e *Klebsiella* spp, entre outras, A maioria dos agentes patogénicos causadores de ITU faz inicialmente parte da flora humana normal e encontra-se sobretudo no trato intestinal humano (Al- Awkally *et al.*, 2022).

2.2 *Klebsiella pneumoniae*

Em 1882, Carl Friedlander descreveu pela primeira vez *a Klebsiella pneumoniae* como um bacilo encapsulado, depois de ter isolado a bactéria dos pulmões de pessoas que tinham morrido de pneumonia. *A Klebsiella pneumoniae* é uma bactéria gram-negativa, encapsulada, não-móvel, que se instala no ambiente e que tem sido associada à pneumonia na população de doentes alcoólicos e diabéticos. A bactéria coloniza normalmente as superfícies mucosas humanas da orofaringe e do trato gastrointestinal (GI). Quando a bactéria entra diretamente no organismo, pode apresentar elevados graus de virulência e resistência aos antibióticos. A pneumonia *por K. pneumoniae* é considerada o motivo mais comum de pneumonia adquirida no hospital nos Estados Unidos e o organismo é responsável por 3% a 8% de todas as infecções bacterianas nosocomiais (Aghamohammad *et al.*, 2020).

2.2.1 Caracterização de *Klebsiella pneumoniae*

A Klebsiella pneumoniae (*K. pneumonia*) é uma bactéria Gram-negativa, não-móvel, encapsulada, fermentadora de lactose, não esporulada, oxidase negativa em forma de bastonete, anaeróbia facultativa, da família Enterobacteriaceae (Walker *e* Miller, 2020).

A Klebsiella pneumoniae é uma bactéria que pode estar presente numa série de espécies na natureza, incluindo animais, plantas e seres humanos. Além disso, *a K. pneumoniae* é uma flora normal da pele humana, da orofaringe ou do trato gastrointestinal. Provoca uma variedade de infecções nos seres humanos, incluindo infecções do trato respiratório, infecções do trato urinário e infecções da corrente sanguínea, bacteriemia, infecções supurativas, colangite e, raramente, osteomielite ou meningite, especialmente nos imunocomprometidos ou nos que sofrem de doenças subjacentes, como a diabetes mellitus (Budiarso *et al.*,2021) .

A virulência da bactéria é proporcionada por uma vasta gama de factores que são apresentados em pormenor na (Figura 2-1) e que podem conduzir à infeção e à resistência aos antibióticos. A cápsula polissacárida do organismo é o fator de virulência mais importante e permite que a bactéria evite a opsonofagocitose e a morte sérica pelo organismo hospedeiro. Foram examinados 77 tipos diferentes de cápsulas, e as espécies de *Klebsiella* sem cápsula tendem a ser menos virulentas. Um segundo fator de virulência são os lipopolissacáridos que revestem a superfície exterior de uma bactéria gram-negativa. A deteção dos lipopolissacáridos liberta uma cascata inflamatória no organismo hospedeiro, sendo um dos principais responsáveis pelas sequelas da sépsis e do choque sético. Um outro fator de virulência, as fímbrias, permite que o organismo se ligue às células hospedeiras. Os sideróforos são outros factores de virulência necessários ao organismo para induzir a infeção nos hospedeiros. Os sideróforos adquirem ferro do hospedeiro para permitir a multiplicação do organismo infetante (Tsereteli *et al.*, 2018; Ronning *et al.*,2019).

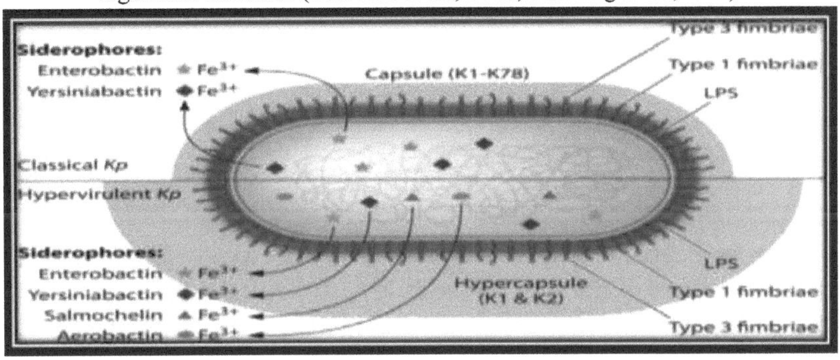

Figura (2-1): Representação esquemática dos factores de virulência *da Klebsiella* (Paczosa e Mecsas, 2016).

A Klebsiella pneumoniae é uma das bactérias com uma elevada taxa de resistência aos antibióticos secundária a alterações no genoma central da célula (Ruan e Feng, 2020). Esta espécie também exibiu uma elevada resistência aos antibióticos bet-lactâmicos e carbapenemes de acordo com a elevada produção de beta-lactamase, como as beta-lactamases de espetro alargado (ESBLs) (Hasan *et al.*, 2021).

2.2.2 Infecções relacionadas com a *Klebsiella pneumoniae*

A bactéria *K. pneumoniae* encontra-se entre os seis agentes patogénicos ESKAPE (*Enterococcus faecium, Staphylococcus aureus, Klebsiella pneumoniae, Acinetobacter baumannii, Pseudomonas aeruginosa* e *Enterobacter* spp) (Rice, 2008), sendo responsável por 70% das infecções por Gram-negativos em unidades de cuidados intensivos (UCI) de enfermaria (Haque , 2019). Os resultados clínicos desta bactéria são:

2.2.2.1 Pneumonias adquiridas no hospital (PAH): A pneumonia adquirida no hospital (PAH) com *K. pneumoniae* é muito mais difusa do que as pneumonias adquiridas na comunidade. O isolado de *K. pneumoniae* é a causa subjacente de ~11,8% das PAH (Magill *et al.*, 2014). Estas PAH ocorrem tanto em doentes não ventilados como ventilados e *a K. pneumoniae* é o fator causal em 7% e 8-12% destes casos, respetivamente.

2.2.2.2 Pneumonias adquiridas na comunidade (PAC): As pneumonias adquiridas na comunidade (PAC) estão bastante difundidas, são infecções potencialmente perigosas que podem progredir rapidamente e causar hospitalização, estadias em unidades de cuidados intensivos (UCI), além de elevadas taxas de morbilidade e mortalidade (Cillóniz *et al.*, 2020).

2.2.2.3 Infecções do trato urinário (ITU): *A K. pneumoniae* patogénica é considerada a segunda ou terceira causa mais frequente de infeção do trato urinário, para além da *E. coli.* No entanto, os sintomas destas infecções incluem disúria de frequência elevada, hematúria e urgência miccional (Keller e Glauser, 2020).

2.2.2.4 Bacteremia (Infeção da corrente sanguínea): Entre os agentes patogénicos da G-ve, *a K. pneumoniae* só perde para a *E. coli* como fator causal de bacteremias associadas à comunidade e nosocomiais. O maior risco de mortalidade está associado a uma série de agentes dos doentes, incluindo: doentes admitidos nas unidades de cuidados intensivos com mais de 65 anos, com uma doença maligna subjacente, com pneumonia, que necessitam de cateteres urinários ou de ventilação mecânica e/ou alcoólicos (Zammit *et al*., 2014).

2.2.2.5 Abcessos hepáticos: Os isolados de *K. pneumoniae* provocam abcessos hepáticos primários em populações de doentes que não parecem ter qualquer doença hepática subjacente, o que difere de outros abcessos hepáticos piogénicos causados por fontes polimicrobianas. Os abcessos hepáticos estão relacionados com um maior perigo de disseminação hematogénica para outras partes, como o olho e o pulmão, com taxas comparativamente elevadas de morbilidade e mortalidade (4-8%) (Cheong *et al*., 2017).

2.2.2.6 Meningite: A meningite *por K. pneumoniae* é uma causa rara na maior parte dos locais do mundo. Quando os doentes com factores de risco, como a cirrose alcoólica, se apresentam no serviço de urgência com caraterísticas clínicas de meningite, os prestadores de cuidados de saúde devem manter um elevado grau de suspeita de uma potencial meningite complicada por *K. pneumoniae* (Fraia *et al*., 2021).

2.2.2.7 Infecções da pele e dos tecidos moles :de isolados de *K. pneumoniae* também podem causar infecções terríveis da pele e dos tecidos moles (miosite, fasceíte necrosante e celulite), endoftalmite e abcessos noutros tecidos rins, pulmões e pescoço (Maramraj *et al*., 2020).

2.2.3 Patogenicidade da *Klebsiella pneumonia*

A patogenicidade da *Klebsiella pneumonia* está associada a muitos factores. O fator mais virulento é determinado pelos antigénios capsulares (antigénios O e K), sideróforos, adesivos e lipopolissacáridos (endotoxinas). A cápsula polissacárida é o fator de virulência mais importante e pode impedir que o organismo hospedeiro desenvolva opsonofagocitose e erradicação da bactéria, tendo sido estudadas 77 cápsulas, e as que não possuem cápsulas são frequentemente menos virulentas para as espécies de *Klebsiella* (Effah *et al*., 2020).

Os lipopolissacáridos (LPS) são um segundo fator de virulência que reveste a superfície externa das bactérias gram-negativas (Pal e Lema, 2022). A sensação de lipopolissacarídeo (LPS) liberta uma cascata de inflamação no organismo hospedeiro e provou ser um importante responsável por sequelas sépticas e sépticas (Pal e Lema, 2022).

O adesivo fimbrial é um primeiro passo crucial na criação de biofilmes em *K. pneumoniae*. Para além disso, as fímbrias permitem que as bactérias se fixem à superfície das células epiteliais, ajudando assim a causar doenças (Gupta *et al.*, 2016). Existem dois tipos de pili *da K. pneumoniae*; o tipo 1 e o tipo 3 são responsáveis pela adesão da bactéria ao tecido dos mamíferos. O tipo 1 é o mais comum em algumas estirpes clínicas de Enterobacteriaceae e revelou-se um fator de virulência vital que causa ITU humanas, mas não tem qualquer papel na formação de biofilme, enquanto o tipo 3 é menos comum e não afecta a patogenicidade na ITU, mas desempenha um papel significativo na formação de biofilme em estudos in vitro (Schroll *et al.*, 2010). Outro fator de virulência utilizado pelo organismo para os hospedeiros são os sideróforos (Rodrigues *et al.*,2020). Para permitir a propagação do organismo contaminante,

Os sideróforos obtêm ferro do seu hospedeiro (Liu *et al.*, 2020). Os sideróforos são pequenas moléculas quelantes de ferro de alta afinidade que são segregadas por uma vasta gama de organismos importantes para a virulência em várias bactérias Gram-negativas. *A K. pneumoniae* segrega sideróforos essenciais para o crescimento e a reprodução bacterianos (Khasheii *et al.*, 2021). *A K. pneumoniae* produz dois tipos de sideróforos: a aerobactina e a enterobactina, ambos identificados como factores de virulência significativos (Van der Linden *et al.*, 2008).

A patogénese da *Klebsiella* spp. depende do tipo de infeção e do modo de infeção, que adere e ataca as células epiteliais, os enterócitos, uma célula endotelial ou as células uroepiteliais, no trato respiratório superior, seguido de colonização das membranas mucosas. As condições subjacentes comuns incluem diabetes mellitus, alcoolismo, insuficiência renal crónica, doença hepática crónica (cirrose), cancro, transplante de órgãos ou tecidos, queimaduras e/ou utilização de cateteres são mais susceptíveis à infeção por *Klebsiella* (Paczosa e Mecsas, 2016).

As citotoxinas, as enterotoxinas e a hemolisina, a proteína tirosina quinase, as endotoxinas termoestáveis e a exotoxina termolábil são outros factores que desempenham um papel na patogenicidade da *K. pneumoniae* (Clegg e Murphy, 2017). Os pili, juntamente com o polissacárido capsular e o LPS, contribuem para a formação de biofilme. Os isolados em biofilme apresentam uma resistência inata às respostas imunitárias, aos tratamentos com antibióticos e à proteção contra as condições ambientais adversas. O biofilme é um fator importante que contribui para a patogénese da *K. pneumoniae*, causando infeções graves (Crabbé *et al.*, 2019).

2.2.4 Epidemiologia da *Klebsiella pneumoniae*

A prevalência de *K. pneumoniae* como agente patogénico nosocomial na Europa e nos Estados Unidos da América (EUA) pode ser consequência da aquisição de marcadores de resistência antimicrobiana, o que lhe confere uma vantagem selectiva em meio hospitalar, sendo responsável por 6-17% das infecções do trato urinário (ITU), 415% das infecções do trato urinário (ITU), 7-14% das pneumonias, 2-4% das infecções de feridas, 4-17% das infecções nosocomiais em unidades de cuidados intensivos e 3-20% de todas as malas de viagem de septicemia neonatal (Fodah *et al.*, 2014).

A Klebsiella pneumoniae é a causa do abcesso hepático piogénico (ABP) em doenças hepatobiliares; os doentes com abcesso hepático por Klebsiella podem desenvolver infecções metastáticas que incluem meningite e endoftalmite (Kamal *et al.*, 2017). A Klebsiella é atualmente uma das principais causas de APE em Taiwan, Hong Kong, Singapura e Coreia. O abscesso hepático piogénico (PLA) já não se limita a áreas geográficas asiáticas nem se limita a pessoas de ascendência asiática como malas que foram descritas em países não asiáticos.Surtos de infecções nosocomiais causadas por *K. pneumoniae* com resistência a múltiplos medicamentos foram relatados em todo o mundo (Profeta *et al.*, 2021).

As infecções endémicas, epidémicas e nosocomiais causadas por espécies de *Klebsiella* são as principais causas de morbilidade e mortalidade (Pokra *et al.*, 2016). Esta bactéria patogénica causa a síndrome invasiva adquirida e foi descrita em 1981, sendo caracterizada por bacteriemia, abcesso hepático e infecções metastáticas, entre as quais as infecções do sistema nervoso central e a endoftalmite (manifestada como meningite supurativa ou abcesso cerebral) foram as mais frequentemente encontradas, embora outros abcessos nos pulmões, pleura e tecidos moles, próstata, fasceíte necrotizante e osteomielite. As investigações epidemiológicas demonstram que *a K. pneumonia* isolada do sistema gastrointestinal e do fígado coincidem em termos fenotípicos e genotípicos, apoiando as hipóteses anteriores de que a maioria dos PLA e das infecções sistémicas têm origem no intestino. Isto sugere que os laboratórios de microbiologia clínica devem possivelmente rastrear pacientes de alto risco (por exemplo, diabetes mellitus) para o transporte deste genótipo como flora normal (Hu *et al.*, 2021).

2.2.5 Resistência antimicrobiana em *K. pneumoniae*

O aparecimento significativo de resistência antimicrobiana e a ausência de desenvolvimento de novos medicamentos antimicrobianos reduziu gradualmente as opções de tratamento para as doenças infecciosas bacterianas (Dhingra *et al.*, 2020).

As bactérias resistentes aos antibióticos constituem uma ameaça para o controlo do tratamento das infecções, uma vez que os isolados patogénicos *de K. pneumoniae* são agora resistentes à maioria dos antibióticos, o que anuncia o início de uma catástrofe de saúde pública importante e em rápido agravamento a nível mundial (Effah *et al.*, 2020).

A hipótese predominante é que estas bactérias adquirem a multirresistência através da transferência horizontal de genes de resistência antimicrobiana mediada por elementos genéticos móveis, como os integrões. A transferência de resistência antimicrobiana por elementos genéticos móveis como plasmídeos, integrões e transposões entre e através de diferentes espécies de bactérias com relativa facilidade são factores essenciais que podem contribuir para o aumento de bactérias multirresistentes (Yadegarynia *et al.*, 2017).

Os organismos multirresistentes causam infecções graves adquiridas na comunidade e infecções nosocomiais que limitam as opções terapêuticas através da utilização dos antibióticos disponíveis. No entanto, a emergência de resistência aos antibióticos em isolados de *K. pneumoniae* a nível mundial aumentou o risco de insucesso do tratamento com antibióticos nos seres humanos (Sukmawinata *et al.*, 2020).

Em alguns relatórios, os isolados *de Klebsiella. pneumoniae* foram considerados resistentes a cefalosporinas, carbapenemes, trimetoprim, sulfametoxazóis, fluoroquinolonas e aminoglicosídeos (El Bouamri *et al.*, 2015). As infecções causadas por *K. pneumoniae* estão associadas a infecções comuns nos cuidados de saúde e adquiridas na comunidade, incluindo pneumonia, infecções do trato urinário, infecções de feridas e infecções do sangue. No entanto, a resistência leva a efeitos mais graves destas infecções (Casey, 2012).

As bactérias utilizam uma variedade de mecanismos para resistir aos antibióticos: as mutações nos alvos dos antibióticos podem reduzir a eficácia dos antibióticos; a alteração e inativação dos antibióticos podem ser catalisadas por proteínas codificadas por genes cromossómicos ou plasmídicos; e as porinas e bombas de efluxo mutadas podem levar a níveis mais baixos de antibióticos no citoplasma e, consequentemente, reduzir a resistência aos antibióticos (Munita e Arias, 2016).

A resistência da *Klebsiella. pneumoniae* aos carbapenemes é mediada por vários mecanismos, incluindo a produção de carbapenemases fortes, bem como de beta-lactamases com atividade de carbapenemase fraca em combinação com a permeabilidade da membrana (Nordmann *et al.*, 2009). A colistina é amplamente considerada como a última linha de defesa contra a *K. pneumoniae* que produz KPC, mas os relatos de isolados *de Klebsiella* resistentes à colistina estão a aumentar (Nation *et al.*, 2015).

A Klebsiella pneumoniae pode produzir enzimas beta-lactamases, que podem abrir o anel beta-lactâmico e causar resistência a antibióticos como a amoxicilina, bem como a cefalosporinas de terceira geração como a cefotaxima, a ceftazidima e a ceftriaxona, e a monobactâmicos como o aztreonam. A betalactamase de espetro alargado (ESBL) é uma enzima plasmídica que permite a hidrólise e a inativação de antibióticos beta-lactâmicos. A infeção causada por microrganismos produtores de ESBL torna-se um problema grave para os hospitais de todo o mundo (Alaali e Thani, 2020).

A utilização extensiva de carbapenemes teve como consequência o aparecimento e a rápida disseminação de estirpes *de K. pneumoniae* MDR, produtoras de carbapenemases (CP-Kp). Os tipos de carbapenemases predominantes na *K. pneumoniae* são as carbapenemases *de Klebsiella pneumoniae* (KPCs) (KPC2 a KPC-13), as metalo-ß-lactamases MBL (metalo-ß-lactamase codificada por integrão de Verona, VIM; imipenemase, IMP; e metalo-ßlactamase de Nova Deli, tipos NDM) e as enzimas do tipo oxacilinase (OXA) (principalmente OXA-48). Os plasmídeos transmissíveis MDR que conferem resistência a múltiplos antibióticos transportam normalmente genes codificadores de carbapenemases (Elshamy e Aboshanab, 2020).

Muitos estudos anteriores foram realizados para determinar a ocorrência de aumento da resistência aos antibióticos em isolados *de K. pneumoniae* (Piperaki *et al.*, 2017; Ferreira *et al.*, 2019).Os mecanismos de resistência aos antibióticos de *K. pneumoniae* para ß-lactâmicos são a produção de enzimas AmpC, carbapenemases e ß-lactamases de espetro alargado (ESBL), todos os três mecanismos utilizam enzimas que conferem resistência cruzada a vários compostos ßeta-lactâmicos. Assim, as bactérias que produzem estas ß-lactamases são consideradas multirresistentes (Karam *et al.,* 2016).

A formação de biofilme pode proteger *a K. pneumoniae* dos medicamentos antimicrobianos, porque o biofilme pode retardar a penetração dos antibióticos e limitar o crescimento das células no centro do biofilme, pelo que o biofilme protege as bactérias patogénicas dos antibióticos e do sistema imunitário em grande medida, talvez devido à redução da penetração dos antibióticos, ao crescimento lento ou à adaptação e limitação de nutrientes (Jafari-Sales *et al.*, 2020).

Outro fator que pode aumentar a resistência, denominado quorum sensing, é a comunicação dependente da densidade entre bactérias que permite que as bactérias cooperem na expressão genética através da secreção de determinadas moléculas sinalizadoras, e é extremamente responsável pelo desenvolvimento da patogenicidade nestas estirpes de bactérias. Mecanismos de resistência adicionais envolvem bombas de efluxo que suportam a resistência à eritromicina quinolona, ao cloranfenicol, aos macrólidos e ao ácido nalidíxico, para além de um mecanismo de efluxo não identificado anteriormente contra os ßlactâmicos (Boren *et al.,* 2020).

2.2.6 Enzimas beta-lactamases

As enzimas beta-lactamases são definidas como proteínas responsáveis pela resistência a um vasto leque de antibióticos relacionados com os beta-lactâmicos, uma vez que actuam para inibir a eficácia do antibiótico beta-lactâmico e são um dos meios mais comuns de resistência, em que as enzimas beta-lactamases se encontram em todas as bactérias positivas e negativas de uma coloração de gram, uma vez que foram descritas mais de 250 espécies desta enzima (Bush *et al*., 2013).

Surgiram provas claras da presença de enzimas beta-lactamases plasmídicas, por exemplo, plasmídeos que são transportados nos membros da família do intestino até chegarem à *K. pneumoniae* (Navon-Venezia *et al*., 2017).

Acreditava-se que as enzimas beta-lactamases são os mecanismos de resistência mais comuns que contribuem para a propagação da resistência entre micróbios Gram negativos e a sua importância advém da sua capacidade de abrir uma alça beta-lactâmica, que é o principal componente dos antagonistas beta-lactâmicos, como as penicilinas e as cefalosporinas, nas condições de hidrólise (Bhamidimarri, 2017; Alfei *et al*., 2020).

Os genes que codificam as enzimas beta-lactâmicas encontram-se no cromossoma bacteriano (conservantes genéticos), para além dos plasmídeos bacterianos (Schroeder, 2017), onde os plasmídeos se alojam os genes destas enzimas são também transmitidos por genes saltadores e isto explica a transmissão e disseminação da resistência aos antibióticos (Grohmann *et al*., 2017).

Sabe-se que os antagonistas ß -lactâmicos têm como alvo e inibem a ação das proteínas de ligação à penicilina, que são enzimas que estimulam o último passo (pontes transversais) na construção da camada de peptidoglicano, Se a célula bacteriana não for capaz de ligar os novos componentes da parede com os peptidocleicanos, estes enfraquecerão a parede celular e esta começa com uma análise que é acelerada pela ação das enzimas de reciclagem do peptridoglicano (MacArthur

& Jakobsche, 2017).
Uma vez que a penicilina, em vez de se ligar a proteínas para quebrar a parede celular, liga-se a enzimas ß-lactamases que, por sua vez, quebram o anel betacomplemento e protegem a célula do seu efeito mortal. Como referido, a sequência de aminoácidos no sítio ativo mantém-se tal como é preservada em todas as proteínas que interagem com penicilinas que são compostos aminados com antibióticos beta-bloqueadores (Bonomo, 2017).

Muitos membros das enterobacteriaceae contêm enzimas ß-lactamases. São enzimas clinicamente importantes, especialmente quando produzidas em excesso para inibir antigénios ß-lactâmicos como a cefoxitina, o aztreonam, o ácido clavulânico e as cefalosporinas de terceira geração (Bush & Bradford, 2019).

2.2.7 Os antibióticos Carbapenemes

Os carbapenemes são antibióticos ß-lactâmicos mas, ao contrário de outros ß-lactâmicos, como a penicilina, têm estruturas químicas diferentes e apresentam um largo espetro de ação contra bactérias Gram-negativas e Gram-positivas, pelo que são frequentemente utilizados como medicamento de última opção para o tratamento do contágio resistente às cefalosporinas (O'Hara *et al.*, 2013).

No entanto, a investigação tem revelado uma emergência crescente de estirpes de bactérias multirresistentes, pelo que é importante reconhecer o mecanismo de resistência e determinar a forma de melhorar a eficácia destes antibióticos que salvam vidas (Hawkey e Livermore, 2012).

A resistência aos carbapenemes foi comunicada pela primeira vez em infeções hospitalares causadas por *Pseudomonas* spp e *Acinetobacter* spp, e depois por microrganismos infeciosos pertencentes à família Enterobacteriaceae (Meletis *et al.*, 2012; Meletis, 2016; Yao *et al.*, 2018).

Os carbapenemes têm propriedades antibacterianas de largo espetro e foram concebidos para serem protegidos contra a atividade da maioria das ß-lactamases, por exemplo, metalo-ß-lactamases (MßL), carbapenemases e ß-lactamases de espetro alargado (ESBL), através do acoplamento do anel ß-lactâmico ao carbapenema. Assim, os carbapenemes demonstraram ser eficazes contra as bactérias produtoras de ESBL. Embora a resistência aos carbapenemes através da carbapenem ß-lactamase seja uma preocupação crescente, os investigadores estão a tentar compreender o mecanismo de ação dos carbapenemes e, na verdade, os mecanismos associados à sua resistência à doença (Iredell *et al.*, 2016).

2.2.8 Modo de ação dos carbapenemes

Os carbapenemes são considerados uma subclasse de antimicrobianos ß-lactâmicos que actuam na parede celular bacteriana e, por conseguinte, conduzem à inibição da síntese. Estes antimicrobianos inibem enzimas importantes necessárias para sintetizar a camada de peptidoglicano da parede celular bacteriana, denominadas proteínas de ligação à penicilina (PBPs). Os carbapenemes ligam-se à PBP-1a, 1b, 2, 3 e 4 na *K. pneumoniae*, mas têm uma grande afinidade para a PBP-2 e a PBP-3 (Zhanel *et al.*, 2007). A estrutura dos carbapenemes (e de outros ß-lactâmicos) está estreitamente relacionada com a D-alanil-D-alanina acilada - os resíduos de aminoácidos terminais do peptidoglicano. Esta semelhança estrutural permite que os carbapenemes se liguem irreversivelmente ao local ativo das PBPs, levando à inibição da transpeptidação da camada de peptidoglicano através de ligações cruzadas, o que, por sua vez, interrompe a síntese da parede celular (Kapoor *et al.*, 2017).

A inibição primária das séries 1a, 1b, 2 e 3 de PBPs leva ao impacto mortal resultante e, assim, à inativação de um inibidor enzimático autolítico na parede celular, resultando na morte da bactéria (Bonfiglio *et al.*, 2002). As PBP são constituídas por duas enzimas carboxipeptidase e transpeptidase. A transpeptidase é considerada a principal enzima alvo dos carbapenemes que, na realidade, impedem que a sua atividade de reticulação de péptidos ao longo da biossíntese do peptidoglicano forme uma ligação covalente através da transpeptidação (Sheppard *et al.*, 2016).

Assim, a inibição da biossíntese da parede celular por agentes ß-lactâmicos, em associação com a autólise contínua da parede celular, cria pontos fracos na parede celular através dos quais a membrana celular se expulsa. Uma vez que a membrana celular não é suficientemente forte para impedir a rutura da célula hipertónica por choque osmótico, esta acaba por se romper (Lima *et al.*, 2020).

2.3 Mecanismos de resistência aos carbapenemes em *K. pneumoniae*

As bactérias podem desenvolver resistência a medicamentos antibacterianos através de uma variedade de mecanismos, incluindo alterações no local alvo (proteínas de ligação à penicilina [PBPs]), bombas de efluxo, expressão reduzida de porinas (proteínas de membrana externa [OMPs]) e produção de beta-lactamase (Xu *et al.*, 2020).

2.3.1 Produção de ß-lactamases de espetro alargado (ESBLs)

As enzimas ESBLs são encontradas principalmente na família Enterobacteriaceae, especialmente em isolados de *K. pneumoniae* e *E. coli* (Khosravi *et al.*, 2013). Estas enzimas são também produzidas por bactérias Gram-negativas não fermentativas, como *a P. aeruginosa* e *a Acinetobacter baumannii* (Jacoby, 2009). As enzimas ESBLs são mediadas por plasmídeos e têm a capacidade de hidrolisar monobactâmicos e oxiimino-cefalosporinas, mas não carbapenemes ou cefamicinas (Bradford, 2004). Existem vários genótipos de ESBL, os mais comuns dos quais são *CTX-M, SHV* e *TEM* (Paterson e Bonomo, 2005).

Os genes TEM e SHV foram reconhecidos globalmente e caracterizados como conferindo resistência a cefalosporinas de espetro alargado, em que o genótipo CTX-M aumentou drasticamente, particularmente em E. coli e K. pneumoniae (Livermore, 2008).

Pensa-se que os genes blaCTX-M foram inseridos em plasmídeos, facilitando assim as transições para bactérias patogénicas com capacidade de se moverem entre várias espécies e géneros bacterianos (Diebold *et al.*, 2021).

2.3.2 Permeabilidade da membrana externa e bombas de efluxo

A membrana externa é constituída por proteínas definidas como proteínas porinas que permitem que as vias hidrofílicas obtenham determinados compostos e nutrientes, como os antibióticos (Armand-Lefevre *et al.*, 2003). *A K. pneumoniae* produz duas proteínas de porina principais, a proteína C da membrana externa (OmpC) ou a proteína F da membrana externa (OmpF). As alterações nas porinas contribuem para o efeito do influxo de fármacos e do efluxo durante o movimento através da membrana (He *et al.*, 2015).

A resistência aos carbapenemes foi inicialmente observada em *K. pneumoniae* quando sobreexpressa pelo gene cromossómico *bla-AmpC* que produz cefalosporinas intrínsecas, bem como porinas modificadas OmpC e/ou OmpF (Paltansing *et al.*, 2013).

Outro mecanismo de resistência aos carbapenemes na *K. pneumoniae* são as bombas de efluxo que actuam em sinergia com uma redução da permeabilidade da membrana. Este mecanismo é baseado numa estrutura proteica que reduz as substâncias indesejáveis, como os antibióticos, reduzindo assim as concentrações desta substância no interior da célula bacteriana (Pitout *et al.*, 2015). *As K. pneumoniae* MDR isoladas durante a terapia antibiótica estão associadas à expressão elevada de AcrAB ou de bombas semelhantes a AcrAB, o que as caracteriza como um mecanismo significativo de resistência aos antibióticos (Coque *et al.*, 2010).

2.3.3 Produção de ß-lactamase AmpC

A expressão de AmpC em muitas Enterobacteriaceae é baixa mas induzível em resposta à exposição a ß-lactâmicos. As enzimas do tipo AmpC são geralmente resistentes às cefalosporinas, mas têm uma eficácia inferior em relação aos carbapenemes (Poirel *et al.*, 2011). No entanto, a resistência aos carbapenemes é observada quando as enzimas AmpC se combinam com uma penetração celular reduzida dos carbapenemes devido a uma perda da proteína porina (Qin *et al.*, 2008).

As AmpC mediadas por plasmídeos podem albergar genes adicionais de resistência a outros antibióticos que não os ß-lactâmicos (Rodríguez-Martínez *et al.*, 2013; Zhao e Hu, 2013). As ß-lactamases AmpC transportadas por plasmídeos estão divididas em cinco famílias de acordo com a sua sequência de aminoácidos (Rodríguez-Martínez *et al.*, 2013). Uma estirpe de *K. pneumoniae* resistente à cefamicina que produzia ßlactamase AmpC mediada por plasmídeo (CMY-1) foi registada pela primeira vez na Coreia em 1989 (Wassef *et al.*, 2014).

2.3.4 Carbapenemase

A produção de carbapenemases surgiu como um subconjunto de enzimas ß-lactamases observadas na produção de Enterobacteriaceae patogénicas em diferentes regiões do mundo (Pitout *et al.*, 2015). Os antimicrobianos carbapenemes têm sido frequentemente considerados o último recurso para a terapia de infecções intrincadas MDR ou XDR ocasionadas por bactérias Gram-negativas e, por conseguinte, a existência de carbapenemases ameaça a sua utilidade como escolha curativa (LaBombardi, 2007).

As carbapenemases convertem a resistência aos antibióticos ß-lactâmicos e são geralmente observadas em componentes genéticos transportáveis que permitem que os mecanismos de resistência sejam transferidos de uma estirpe para outra. No entanto, as bactérias que produzem carbapenemases podem também propagar-se de um doente para outro (Jones-Dias *et al.*, 2014).

A presença de combinações de genes de carbapenemase com ESBL e outros genes de resistência a antimicrobianos transportados em componentes genéticos móveis é um problema significativo, quando se encontra em Enterobacteriaceae e, por conseguinte, leva ao aumento da aquisição de resistência a novas classes de antibióticos (Zimmerman *et al.*, 2013).

A transferência incontrolável de elementos genéticos móveis intra- e inter-espécies também proporcionou a evolução de bactérias que são resistentes a quase todos os antimicrobianos (Gazin *et al.*, 2012).

A evolução dos genes das carbapenemases em *K. pneumoniae* é, por conseguinte, de grande interesse, uma vez que a diversidade enzimática está a emergir rapidamente e, por conseguinte, estes agentes patogénicos causam frequentemente problemas de reconhecimento, terapia e resposta (Nordmann *et al.*, 2012).

2.3.4.1Classificação das carbapenemases

Estas enzimas são classificadas em quatro categorias diferentes: A, B, C e D, dependendo da similaridade dos aminoácidos.As três categorias A, C e D são serino ß-lactamases serínicas, que utilizam como sereno um sítio ativo para estimular a hidrólise, enquanto a classe B ß-lactamases são enzimas minerais dependentes de zinco (Papp-Wallace, 2019) mostram na figura (2-2).

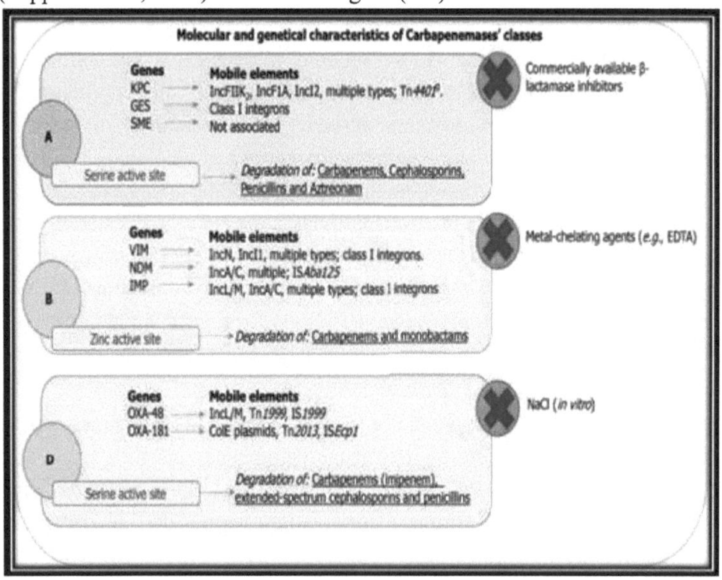

Figura (2-2): Caraterísticas moleculares, genética e atividade das classes de carbapenemes. A: Carbapenemases de classe A; B: Carbapenemases de classe B; D: Carbapenemases da classe D; GES: Guiana-Extended-Spectrum; SME: enzima de Serratia marcescens; KPC: carbapenemase *de Klebsiella pneumoniae*; VIM: imipenemase de Verona; NDM: carbapenemase de Nova Deli; IMP: imipenemase; OXA: oxacilinase (Fiore *et al.*, 2020).

2.3.4.1.1. Carbapenemases de classe A Classe A

Foram identificadas várias carbapenemases de classe A que formam seis ramos distantemente relacionados (Jeon *et al.*, 2015). Algumas carbapenemases são codificadas por cromossomas (IMI-1, NMC-A, enzimas SME, e SFC-1) SME (enzima de Serratia marcescens), SFC-1 (carbapenemase-1 de Serratia fonticola), Nmc-A (carbapenemase-A não-metaloenzimática), IMI1 (Imipenem-hidrolisante- ß-lactamase).Outras são codificadas por plasmídeos (enzimas KPC, enzimas GES e IMI-2). IMI (IMI-1 a IMI-3), KPC (*K. pneumoniae* carbapenemase) (KPC-1 a KPC-22), GES (Guiana extended spectrum GES-1 a GES-22) (Nordmann *et al.*,2020).

As carbapenemases de *Klebsiealla. pneumoniae* têm sido as carbapenemases de classe A mais frequentemente observadas desde a sua primeira descrição no leste dos EUA em 1996 (Yigit *et al.*, 2001). Das muitas variantes diferentes da família KPC (KPC-1 a KPC-22), as variantes mais bem caracterizadas são a KPC-2 e a KPC-3. As KPCs são, na sua maioria, enzimas codificadas por plasmídeos e as bactérias que produzem estas enzimas são susceptíveis apenas a alguns antibióticos, como a colistina, os aminoglicosídeos e a tigeciclina. Assim, a mortalidade das infecções da corrente sanguínea dos doentes causadas por estas bactérias é muito elevada (Munoz-Price *et al.*, 2013).

Outro tipo de carbapenemase relacionado com esta classe é descrito como GES. A GES foi reconhecida em diferentes estirpes clínicas *de K. pneumoniae* em vários hospitais da Cidade do Cabo e da África do Sul (Brink *et al.*, 2012). As carbapenemases parecem ser a classe mais variada e mais comummente distribuída, sendo que a maioria das ß-lactamases clinicamente significativas pertencem a esta classe. Esta classe é sensível às cefalosporinas, mas não tem qualquer atividade contra os carbapenemes, o aztreonam e as penicilinas (Bedenic *et al.*, 2014).

As bactérias que expressam estas enzimas têm uma suscetibilidade reduzida ao imipenem, com CIMs que variam entre ligeiramente elevados e totalmente resistentes. Consequentemente, estas carbapenemases podem passar despercebidas durante os testes de suscetibilidade de rotina. O clavulanato, o tazobactam e os derivados do ácido borónico inibem-nas (Queenan e Bush, 2007). Foram descobertas várias enzimas desta classe, algumas das quais são codificadas cromossomicamente.

As carbapenemases de *Klebsiealla pneumoniae* são as mais comuns, tendo-se espalhado por todo o mundo poucos anos após a sua descoberta, causando surtos em muitos países asiáticos, norte-americanos e europeus, bem como em África. Os produtores de KPC desenvolveram multirresistência aos beta-lactâmicos, reduzindo as opções de tratamento para as infecções relacionadas com KPC nos doentes (Bedenic *et al.*, 2014).

gene *bla-KPC*

As carbapenemases *KPC de Klebsiealla. pneumoniae* são as carbapenemases de classe A codificadas por plasmídeos mais importantes do ponto de vista clínico (Cabral *et al.*, 2012). O gene *KPC* foi descrito pela primeira vez nos Estados Unidos e é atualmente reconhecido internacionalmente. A sua variante *KPC-2* foi distinguida na *K.*

pneumoniae do leste dos Estados Unidos em 1996 (Cannatelli *et al.*, 2014). Existem pelo menos 18 variantes, com mutações nucleotídicas em 20 posições diferentes (13 substituições de aminoácidos). Também foi encontrada em múltiplos plasmídeos dentro do mesmo isolado, bem como em múltiplas cópias do cromossoma e dos plasmídeos (Palzkill, 2013).

As carbapenemases KPC de *Klebsiealla. pneumoniae* são codificadas pelo gene *bla-KPC*, o que se explica em grande parte pela sua localização num transposão do tipo Tn3, Tn4401. O seu potencial de disseminação geográfica e entre espécies explica-se em grande parte pela sua localização num transposão do tipo Tn3, Tn4401.

Este transposão é um elemento genético que se pode inserir numa variedade de plasmídeos de bactérias Gram negativas. Os plasmídeos que contêm o gene *bla-KPC* estão frequentemente ligados a determinantes de resistência a outros antibióticos. Embora a K. pneumoniae continue a ser a espécie bacteriana mais comum com KPCs, a enzima foi encontrada numa variedade de bactérias Gram-negativas. Tendo em conta que diferentes espécies de bactérias Gram-negativas podem albergar o elemento resistente à KPC, o termo Enterobacteriaceae resistente aos carbapenemes (CRE) foi proposto como mais preciso num relatório de 2009 dos Centros de Controlo e Prevenção de Doenças (CDC) sobre bactérias produtoras de KPC (Chitnis *et al.*, 2012).

Klebsiealla. pneumoniae carbapenemase KPCs pode hidrolisar todos os B-lactâmicos, e as estirpes com o gene *bla-KPC* são normalmente resistentes a outros antimicrobianos como aminoglicosídeos, fluoroquinolonas e trimetoprimissulfametoxazol, tornando-as MDR. Uma vez que os genes *bla-KPC* são codificados por plasmídeos, são susceptíveis de transmissão horizontal entre espécies (Djahmi *et al.*, 2014).

O aparecimento de isolados de ß-lactâmicos MDR com o gene *bla-KPC* é preocupante porque este gene será combinado com outros genes de resistência aos carbapenemes, bem como com muitos genes de antibióticos nãoßlactâmicos, o que acabará por limitar os regimes terapêuticos eficazes (Nordmann *et al.*, 2009).

Os isolados *de Klebsiealla..pneumoniae* produtores de KPC são amplamente reconhecidos como agentes patogénicos nosocomiais e doenças sistémicas. Em poucos anos, o produtor do gene *bla-KPC* distribuiu-se internacionalmente e foi notificado na Grécia, na China, em Itália e nos países da América do Norte e do Sul, onde são considerados endémicos (Chan *et al.*, 2014). A elevada distribuição do gene *bla-KPC* pode dever-se, em parte, ao seu transporte no plasmídeo (Poirel *et al.*, 2013).

2.3.4.1.2 Classe B (Metallo-ß-Lactamases, MBLs)

As metalo-ß-lactamases (MBL) podem hidrolisar quase todos os ß-lactâmicos, incluindo os carbapenemes, que são antibióticos importantes na prática clínica e os medicamentos de "última linha" para o tratamento de infecções causadas por bactérias Gram-negativas resistentes a múltiplos medicamentos (MDR) (Boyd *et al.*, 2020).

A rápida disseminação de MBLs entre *Enterobacterales* levou ao aumento da prevalência de *Enterobacterales* resistentes aos carbapenemes (CRE), o que representa um desafio para o tratamento de infecções em todo o mundo (Nordmann e Poirel, 2019). Ao contrário das NDM, as ß-lactamases do tipo IMP não são frequentemente detetadas em CRE da China (Zhang *et al.*, 2017; Wang *et al.*, 2018). As MBL da classe B têm maior importância clínica a nível mundial e podem ser hidrolíticas de forma eficaz contra penicilinas, cefalosporinas e carbapenemes, mas não inibem o clavulanato, o sulbactam ou o tazobactam (Neyestanaki *et al.*, 2014). A atividade hidrolítica conta com a combinação do anel dos ß-lactâmicos com um cofator (Zn2+) no local ativo e, por conseguinte, este composto é inibido pelo EDTA (Nucleo *et al.*, 2013).

A primeira MBL foi reconhecida em bactérias oportunistas e ambientais, como *Salmonella maltophilia, Bacillus cereus* e *Aeromonas* spp. onde os genes MBL são codificados nestas espécies, tanto intrinsecamente como cromossomicamente. As famílias de MBL mais comuns incluem as enzimas VIM (Verona integron-encoded MBL), NDM (New-Delhei MBL), IMP (Imipenem-resistant Pseudomonas), SPM (SaoPaulo MBL), SIM (Seoul imipenemase) e GIM (German imipenemase). Os genes que codificam as enzimas MBL encontram-se predominantemente na multiplicidade de estruturas de integrões e combinam-se em cassetes de genes (Carmeli *et al.* 2010; Calhau *et al.*, 2014). Os integrões, quando ligados a plasmídeos ou transposões, estas enzimas podem ser facilmente transferidas entre bactérias (Queenan e Bush, 2007; Yong *et al.*, 2009).

As metalo-ß-lactamases MBL são, na sua maioria, codificadas por plasmídeos, o que facilita a sua disseminação entre os agentes patogénicos microbianos. Com exceção dos monobactâmicos, são a classe de carbapenemases mais complexa do ponto de vista molecular e podem inativar a maioria dos -lactâmicos. A MBL de Nova Deli (NDM) é uma MBL que pode conferir resistência a agentes patogénicos entéricos como *a K. pneumoniae* e *a E. coli*, tornando-os imunes a antibióticos beta-lactâmicos como a penicilina (Doi e Paterson, 2015).

I. gene *bla-IMP*

A Imipenemase *bla-IMP* é a família de genes MBL mais comum no mundo. A *IMP* foi encontrada em *Acinetobacter* spp, *Pseudomonas* spp, bem como em Enterobacteriaceae (Shanthi e Balagurunathan, 2014). *A IMP-1* é a primeira metalo-ß-lactamase identificada que confere resistência aos carbapenemes e foi descrita em 1988 numa estirpe *de Pseudomonas aeruginosa* no Japão (Watanabe *et al.*, 1991).

O gene Imipenemase *bla-IMP* foi então registado na Europa em 1997, tendo sido também observado no Brasil e no Canadá. Este gene propagou-se lentamente a outros países do Extremo Oriente e, a partir daí, à Nova Zelândia e aos Estados Unidos (Queenan e Bush, 2007).

As carbapenemases do tipo Imipenemase *bla-IMP* podem hidrolisar quase todos os ß-lactâmicos. Foram detetadas até 33 variedades de carbapenemases do tipo *IMP* distribuídas por todo o mundo (Braun *et al.*, 2018).

O gene *bla-IMP4* mais frequentemente encontrado foi capturado por integrões de classe 1 e transportado por plasmídeos (Lai *et al.*, 2017; Matsumura *et al.*, 2017).

Um plasmídeo N epidémico em isolados *de Enterobacterales* foi recuperado das províncias de Xangai, Guangdong e Fujian da China e foi responsável pela disseminação do gene *bla-IMP4* (Wang *et al.*, 2017).
Não se sabe se este tipo de plasmídeo é prevalente noutras regiões da China e se está envolvido na propagação dos genes *bla-IMP*. Os plasmídeos N também estão associados à propagação de determinantes resistentes aos carbapenemes, como o *bla-NDM* e *o bla-KPC* (*Partridge et al.*, 2018; Schweizer *et al.*, 2019).
Este tipo de plasmídeo foi recentemente identificado como um plasmídeo epidémico para o transporte de *bla-IMP4* entre espécies *de Enterobactérias* na China (Lai *et al.*, 2017; Wang *et al.*, 2017), e foi responsável pela transmissão horizontal de *bla-IMP6* entre *Enterobacterales* do Japão (Yamagishi *et al.*, 2020). Na China, foram encontrados isolados de Enterobacteriaceae *produtores de bla-IMP* em todo o país (Feng *et al.*, 2016).
As variantes de *bla-IMP* foram identificadas em *K. pneumoniae*, *Escherichia coli* e *Enterobacter cloacae*. Entre as *bla-IMP da K. pneumoniae, a bla-IMP-4* é a isoforma mais comummente encontrada em isolados clínicos, seguida da IMP-8, IMP-26 e IMP38 (Lai *et al.*, 2017).

II. gene *bla-VIM*

A metalo- ß-lactamase codificada pelo integrão Verona (VIM) é uma das carbapenemases MBL emergentes. O *bla-VIM* é um tipo de genes MBL. A variante *VIM-1* foi reconhecida pela primeira vez em *P. aeruginosa* obtida de um doente em Verona/Itália e apresentou MBLs predominantemente associadas a integrões e, algum tempo depois, a VIM-2 ocorreu em isolados *de P. aeruginosa* em França (Halat e Moubareck, 2020).
A metalo- ß-lactamase VIM codificada pelo integrão de Verona foi detectada em *K. pneumoniae* em França, tendo também sido registada em *E. coli* na Grécia (Grundmann *et al.*, 2017). As enzimas VIM acabaram por ser constituídas por mais de 50 variantes (Bedenic e Mestrovic, 2021). Existem algumas semelhanças entre as famílias VIM e IMP, que têm a capacidade de hidrolisar todos os antibióticos ß-lactâmicos, exceto os monobactâmicos, e a sensibilidade a todos os inibidores de ß-lactâmicos. Além disso, ambos os genes podem iniciar infecções nosocomiais e podem ser responsáveis pelo aumento da taxa de mortalidade (Grundmann *et al.*, 2017).
De acordo com as tendências recentes, aproveitámos os dados genómicos para a investigação da transmissão horizontal de plasmídeos entre espécies bacterianas. Foi demonstrado que *o blaVIM-1*, um gene de carbapenemase raro entre os CRE nos Estados Unidos, (Carattoli *et al.*, 2012; Carattoli, 2013 e de Man *et al.*,2021).

III.gene *bla-NDM*

O gene *bla-NDM*, que codifica a enzima NDM, uma metalo-b-lactamase capaz de hidrolisar a maioria dos antibióticos beta-lactâmicos, representa um exemplo típico de um gene móvel de resistência aos antibióticos , Os compostos pertencentes à classe dos carbapenemes são habitualmente utilizados para tratar infecções bacterianas por bactérias Gram-negativas resistentes aos antibióticos de base e utilizados como tratamento de primeira linha para infecções graves. A prevalência global de bactérias portadoras de *bla-NDM*, incluindo *Acinetobacter baumannii* e Enterobacteriaceae resistentes a mcarbapenem em ambientes hospitalares, representa uma grande preocupação de saúde pública (Wu *et al.*, 2019).

O gene da metalo-ßlactamase *bla-NDM* de Nova Deli foi identificado pela primeira vez em 2008 a partir de uma *Klebsiella pneumoniae* isolada de uma infeção do trato urinário num doente sueco que regressava de Nova Deli, na Índia (Yong *et al.*, 2009). Embora *o bla-NDM* tenha uma distribuição mundial, a maioria dos casos foi associada ao subcontinente indiano, o que sugere que esta região é um local provável para o evento de mobilização inicial (Wu *et al.*, 2019).

A atenção mundial está centrada nas Enterobacteriaceae *NDM-1* positivas, uma vez que este gene pode ser adquirido a partir do ambiente por bactérias e pode ser distribuído da Índia para outro país durante as viagens (Walsh *et al.*, 2011). O gene *bla-NDM* foi identificado principalmente em isolados clínicos de *K. pneumoniae* e *E. coli*, no entanto, também foi identificado em isolados *de P. aeruginosa* e *A. baumannii*. Neste grupo, foram descritas e identificadas pelo menos 21 variantes (Rahman *et al.*, 2018).

Ao contrário de vários outros genes para a carbapenemase, *o bla-NDM-1* é fácil de disseminar entre Enterobacteriaceae e espécies não relacionadas porque os plasmídeos que codificam este gene têm uma vasta gama de hospedeiros (Coetzee e Brink, 2011).

Os organismos que produzem o gene *bla-NDM-1* podem colonizar o trato gastrointestinal humano durante um período de tempo prolongado. Normalmente, este gene propaga-se através de água poluída e superfícies ecológicas (Khan *et al.*, 2017).

Nomeadamente, foram identificados retrospetivamente isolados de *Acinetobacter baumannii* NDM-positivos de um hospital indiano em 2005 (Jones et al., 2014), que continuam a ser as observações mais antigas até à data. No entanto, um isolado de A. pittii NDM-positivo foi também isolado em 2006 de um doente turco sem historial de viagens para fora da Turquia (Roca *et al.*, 2014). Embora não estejam publicamente disponíveis sequências genómicas completas destas primeiras observações, foi demonstrado que os primeiros isolados positivos para NDM de 2005 transportavam *bla-NDM* em múltiplos backbones de plasmídeos não conjugativos, mas potencialmente mobilizáveis (Jones et al., 2014).

A resistência à metalo-ßlactamase NDM de Nova Deli está distribuída a nível mundial e representa uma grande preocupação em contextos de cuidados de saúde. O gene encontra-se em pelo menos 11 famílias bacterianas e os isolados NDM-positivos têm antecedentes clonais heterogéneos, apoiando múltiplas aquisições independentes de *bla-NDM* (Wu *et al.*, 2019). O gene *bla-NDM* da metalo-ßlactamase de Nova Deli foi observado em cromossomas bacterianos (Rahman *et al.*, 2018), mas é mais frequentemente alojado em plasmídeos, compreendendo vários backbones ou tipos diferentes. Além disso, mesmo dentro dos mesmos tipos de plasmídeos, *o bla-NDM* é encontrado em uma variedade de contextos genéticos transposons compostos (Wu *et al.*, 2019). Existem outros tipos de enzimas NDM que vão do NDM 2 ao NDM 17 e diferem entre si pela substituição de aminoácido(s) entre o NDM-1(Khan *et al.*, 2017).

2.3.4.1.3 OXA-ß-lactamases de tipo D

As enzimas oxacilinase (OXA) são serina-ß-lactamases pertencentes à classe D que são fracamente inibidas pelo EDTA e/ou pelo ácido clavulânico. As enzimas OXA têm uma atividade reduzida contra os antibióticos carbapenemes (Albadri, 2021). Estas enzimas foram encontradas fundamentalmente em espécies não fermentadas como *A. baumannii, P. aeruginosa* e, ocasionalmente, em isolados de Enterobacteriaceae em vários países, incluindo Candia, Dinamarca e Reino Unido (Elufisan *et al.*, 2012; Stalder *et al.*, 2012).

A oxacilinase OXA ß-lactamase foi identificada pela primeira vez em estirpes *de A. baumannii* MDR em 1985 em Edimburgo, na Escócia (Paton *et al.*, 1993). As carbapenemases OXA são consideradas uma grande preocupação devido à sua capacidade de sofrer mutações rapidamente e de expandir o seu âmbito de atividade (Carrer *et al.*, 2010). A investigação efectuada por Mathers *et al.* (2013) confirmou a ocorrência generalizada da classe D nas Enterobacteriaceae, causando preocupação a nível mundial e grandes preocupações em matéria de saúde pública.

Este organismo produtor de oxacilinase OXA-48 emergiu de infecções nosocomiais na Turquia e foi disseminado no Norte de África e no Sul da Europa (Lee *et al.*, 2016). Foi comunicada uma variante mutante pontual de OXA-48, OXA- 181, com uma atividade de carbapenemase semelhante em isolados da Índia ou da Ásia. A OXA-48/OXA181 é idiossincrática, uma vez que hidrolisa fracamente os carbapenemes, mas tem um largo espetro de ação em relação a cefalosporinas como a ceftazidima e o aztreonam (Castanheira et al., 2011).

As -lactamases de classe D conferem uma resistência de nível superior a um amplo espetro de inibidores de -lactâmicos e são a classe menos conhecida de beta-lactamases, ao contrário de outras enzimas de classe A, que foram amplamente estudadas (Nordmann *et al.*, 2011).

gene *bla-OXA-48*

A oxacilinase *bla-OXA-48* é uma carbapenemase de origem plasmídica com pouco em comum com outras oxacilinases. A sua capacidade de hidrólise de carbapenemes é comparável à da enzima KPC-1. *A K. pneumoniae* e *a Escherichia coli* são os produtores mais comuns de OXA-48. No entanto, sabe-se que ocorrem no organismo Enterobacteriaceae (Jao et al., 2017).

Em 2003, um isolado de *K. pneumoniae* recuperado na Turquia foi registado como o primeiro produtor de OXA-48. Desde então, foram encontradas estirpes produtoras de OXA-48 em países do sul da Europa e de África, bem como registadas como fontes de surtos nosocomiais na Turquia (Nordmann *et al.*, 2011). Os organismos produtores de OXA-48, como *E. coli* e *Enterobacter cloacae*, foram isolados de infecções nosocomiais em doentes na Rússia, Espanha e Itália (Aktas *et al.*, 2012).

O gene da oxacilinase *bla-OXA-48* está disseminado numa série de espécies de enterobactérias graças a um único plasmídeo de cerca de 62 kb (Potron *et al.*, 2011). Em isolados de enterobactérias provenientes da Índia ou de pacientes com uma ligação ao subcontinente indiano, foi descrito um derivado mutante pontual da *OXA-48* com propriedades hidrolíticas semelhantes, a *bla-OXA-181* (Poirel *et al.*, 2012).

A epidemiologia da enzima *bla-OXA-48* tem sido largamente associada tanto à expansão global de clones de alto risco adaptados aos hospitais de *Klebsiella pneumoniae* como à disseminação de plasmídeos *codificadores de bla-OXA-48* noutras bactérias Gramnegativas, especialmente *E. coli*, o que contribui para a endemicidade *da bla-OXA-48* em contextos de cuidados de saúde e representa uma grande ameaça para a saúde pública (Carattoli *et al.*, 2015).

2.4 Disseminação global de *Klebsiella pneumoniae* produtora de carbapenemases

A prevalência crescente da resistência aos antibióticos e a falta de desenvolvimento de novos medicamentos antibióticos reduziram gradualmente as opções de tratamento para as infecções bacterianas (Lee *et al.*, 2013a). Em 2013, os Centros de Controlo e Prevenção de Doenças (CDC) designaram três microrganismos que representam uma ameaça urgente para a saúde pública: Enterobacteriaceae (CRE) resistente aos carbapenemes (CR), *Neisseria gonorrhoeae* resistente aos medicamentos e *Clostridium difficile* (Zowawi *et al.*, 2015).

Os carbapenemes (imipenem, meropenem, biapenem, ertapenem e doripenem) são antibióticos utilizados no tratamento de infecções graves causadas por Enterobacteriaceae multirresistentes, como *a Klebsiella pneumoniae* e *a Escherichia coli* (Nordmann *et al.*, 2009).

Em particular, *a K. Pneumoniae* adquiriu carbapenemases, que são enzimas capazes de desgastar a maioria dos ß-lactâmicos, incluindo os carbapenemes, conferindo assim resistência a estes medicamentos (Jeon *et al.*, 2015). Foram registadas elevadas taxas de mortalidade em doentes com infecções da corrente sanguínea causadas por *K. pneumonia* CR (Munoz-Price *et al.*, 2013).

As carbapenemases podem ser separadas de acordo com a sua dependência de catiões divalentes para a ativação da enzima em carbapenemases metálicas (classe B dependente de zinco) e carbapenemases não metálicas (classes A, C e D independentes de zinco) (Jeon *et al.*, 2015).

As carbapenemases de classe A, como as enzimas *K. pneumoniae* carbapenemase (KPC), foram identificadas em todo o mundo na *K. pneumoniae* (Tangden e Giske, 2015). Várias carbapenemases de classe B e D também foram encontradas em *K. pneumoniae* multirresistente adquirida em hospitais (Nordmann *et al.*, 2011).

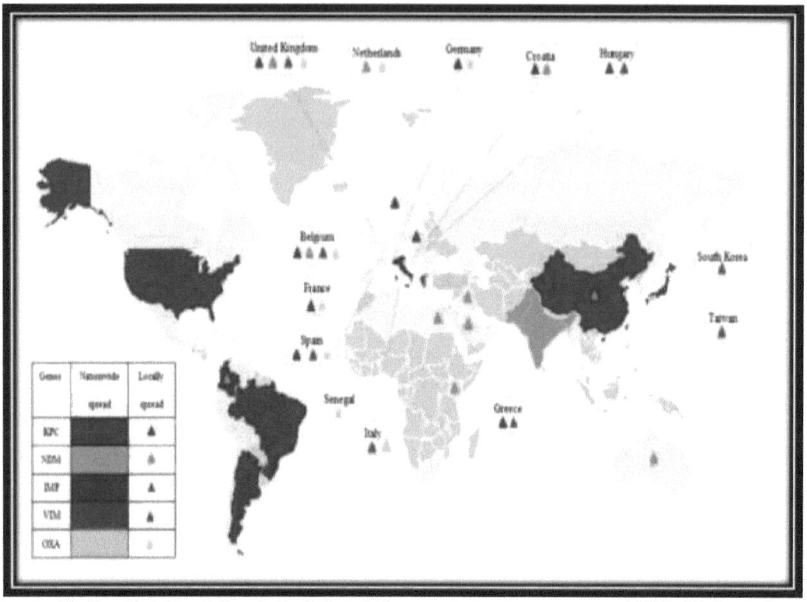

Figura (2-3): distribuição global de várias carbapenemases no CPE (Cui *et al.*, 2019).

2.5 Análise de fusão de alta resolução

A análise de fusão de alta resolução (HRM) é uma técnica poderosa em biologia molecular. Foi descoberta em 2002 e desenvolvida pela Idaho Technology e pela Universidade de Utah. É capaz de identificar diferenças mais pequenas nos amplicons de PCR até ao nível de uma única base e é, por conseguinte, ideal para a genotipagem de polimorfismo de nucleótido único (SNP), a identificação de espécies, a correspondência de sequências e a pesquisa de mutações sem necessidade de qualquer outra separação e processamento adicional após a PCR. No entanto, a sensibilidade e a especificidade dos métodos fenotípicos são inferiores às dos métodos moleculares (Tahmasebi *et al.*, 2020). A velocidade e a exatidão destes métodos também são baixas em comparação com o novo ensaio molecular (Landolt *et al.*,2019).

A análise de fusão de alta resolução HRM é a caraterística de um perfil de fusão de um produto de PCR direcionado resultante do aumento gradual da temperatura de fusão (Tm) por pequenos incrementos na presença de um corante de ligação de ADN altamente saturado (Tahmasebi *et al.*, 2018). Além disso, a análise baseada em HRM tem sido utilizada em diferentes aplicações laboratoriais clínicas, como a identificação de muitos isolados bacterianos diferentes (Dehbashi *et al.*,2019) .

Como é compreensível, o ensaio HRMA tem inúmeras aplicações e tantas vantagens. A tecnologia que executa e analisa amostras submetidas a HRM é uma tecnologia económica. A HRM também é uma tecnologia simples que pode efetuar a análise PCR e HRM num único instrumento (Tahmasebi *et al.*, 2020).

A análise de fusão de alta resolução é também um método de tubo fechado que minimiza a contaminação e não requer a utilização de sondas marcadas, utilizando em vez disso corantes fluorescentes saturados de ADN conhecidos como SYBR green (LC Green , EVA Green , Chromofy e SYTO). O SYBR é um corante de grande sucesso na análise HRM. (Price *et al.,* 2007; Pornprasert *et al.,* 2008).
A análise de fusão de alta resolução foi adaptada à PCR em tempo real Multiplex com sucesso variável (Goudarzi *et al*., 2019). Os corantes SYBR green são adicionados à mistura de reação de PCR. Após a PCR, a fim de gerar uma curva de fusão (MC), os produtos da PCR são aquecidos com diferentes intervalos de temperatura, começando pela temperatura mais baixa e aumentando gradualmente (de 40 °C a 95 °C).
A temperatura de fusão do produto de amplificação é uma caraterística da sequência, do comprimento e do teor de GC, e é a temperatura à qual 50% do ADN se encontra numa cadeia dupla (Reed *et al.* 2007; Erali *et al.* 2008).
A uma temperatura mais baixa, qualquer ADN de cadeia dupla presente na amostra produzirá uma fluorescência elevada, mas quando a temperatura aumenta, o ADN de cadeia dupla separa-se num ADN de cadeia simples e a fluorescência diminui (Figura 2-2), o que permite aumentar a sensibilidade para a deteção de alterações nas sequências de ADN. Para calcular com exatidão a temperatura de fusão (Tm), é necessário remover o fundo e normalizar a curva de fusão.
Os dados relativos à temperatura de fusão (Tm) podem facilmente diferenciar entre muitos genótipos, tanto para humanos como para agentes patogénicos, especialmente quando o tamanho do amplicon é menor, mas nem todos os homozigotos podem ser discriminados. A temperatura de fusão não identifica variações heterozigóticas, mas estas podem ser identificadas pelas diferenças na forma da curva de fusão (se estiverem disponíveis controlos conhecidos) (Reed *et al.* 2007; Erali *et al.* 2008).

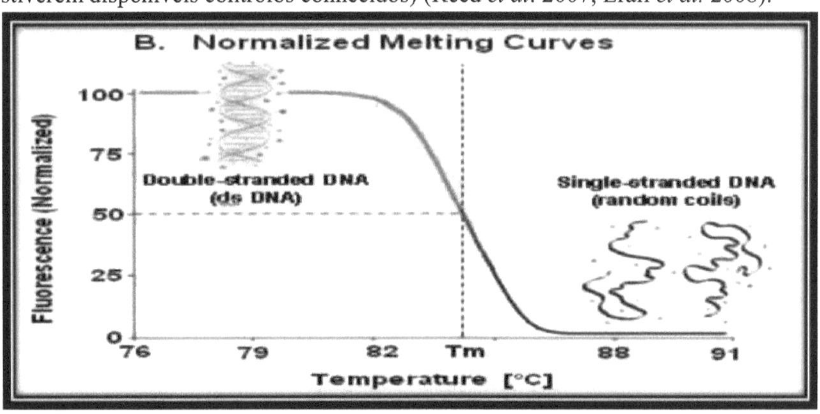

Figura (2-4): Curvas de fusão normalizadas HRM (Reed *et al.*,2007)

No entanto, existe uma vantagem significativa em ter a amplificação e a HRMA juntas no mesmo instrumento, permitindo a interpretação simultânea dos dados de amplificação e de fusão (Reed *et al.*, 2007).
Em 2009, Van der stoep e colegas mencionaram algumas orientações de diagnóstico

para a utilização da análise de fusão de alta resolução após amplificação por PCR, tais como a recolha e extração de amostras, a conceção e seleção de iniciadores e a otimização da PCR de fusão de alta resolução (Van der stoep, 2009).

2.5.1O mecanismo do ensaio de gestão de recursos humanos

A análise de fusão de alta resolução (HRM) é um método pós-PCR. A região de interesse dentro da sequência de ADN é primeiro amplificada utilizando a reação em cadeia da polimerase. Durante este processo, são adicionados à reação corantes especiais de saturação, que fluorescem apenas na presença de ADN de cadeia dupla. Estes corantes são conhecidos como corantes de intercalação.

Durante a PCR, a região de interesse amplificada é conhecida como Amplicon. À medida que a concentração de amplicon no tubo de reação aumenta, a fluorescência exibida pelo produto amplificado de cadeia dupla também aumenta. Após o processo de PCR, inicia-se a análise HRM. Neste processo, o ADN do produto amplificado é aquecido gradualmente de cerca de 50 °C até cerca de 95 °C. medida que a temperatura aumenta, chega-se a um ponto em que a temperatura de fusão do produto da amplificação é atingida e o ADN da amostra desnatura e o ADN de cadeia dupla funde-se. Devido a este facto, a fluorescência desvanece-se.

Isto deve-se ao facto de, na ausência de ADN de cadeia dupla, os corantes intercalares não terem nada a que se ligar e só fluorescem a um nível baixo. Esta observação é representada num gráfico que mostra o nível de fluorescência versus a temperatura, gerando uma curva de fusão. Mesmo uma única alteração de base na sequência de ADN da amostra provoca diferenças na curva HRM. Uma vez que as diferentes sequências genéticas fundem a taxas ligeiramente diferentes, podem ser visualizadas, comparadas e detectadas utilizando estas curvas.

As aplicações da HRM incluem: Genotipagem de SNP, mapeamento de ADN, rastreio de mutações, identificação de espécies, teste de zigosidade, análise de metilação de ADN e impressão digital de ADN.

2.5.3. Aplicações da análise melt de alta resolução à análise do ADN bacteriano

Vários estudos utilizaram a análise de fusão de alta resolução (HRMA) para genotipagem de *S. aureus* (Stephens *et al.*, 2008), estirpes *de Bacillus anthrax* (Fortini *et al.*, 2007), para identificar rapidamente 6 espécies de Listeria diretamente a partir de culturas (Jin *et al*, 2012) e genotipagem de *Pseudomonas savastanoi* (Gori *et al.*, 2012), e também para discriminar *Mycobacterium chelonae* e *Mycobacterium abscessus* utilizando primers que amplificam o gene da proteína de choque térmico 65 (hsp65) (Odell *et al.*, 2005).

A análise de fusão de alta resolução determinou as alterações de pares de bases entre estas duas estirpes (Erali *et al.*, 2008). A HRMA foi também utilizada para a identificação rápida de isolados clonais comuns de *P. aeruginosa* em doentes com fibrose cística (FC) (Anuj *et al.*, 2011).

A análise de fusão de alta resolução foi utilizada com êxito em combinação com a PCR em tempo real para detetar e identificar a bacteriemia causada por estirpes *de*

Salmonella enterica (Jeng *et al.*, 2012).

Este ensaio também foi utilizado para a identificação rápida e a diferenciação entre espécies de *Candida* (Arancia *et al.*, 2011). Tong e Giffard (2012) analisaram, com exemplos apoiados, as vantagens e desvantagens da tecnologia HRM e as suas aplicações em microbiologia clínica. Estes estudos sugerem que a HRM tem um potencial considerável em microbiologia, uma vez que é rápida, simples e barata e, além disso, não requer quaisquer procedimentos complicados. Além disso, não é necessária uma sonda específica para cada espécie, apenas um corante de saturação e iniciadores que visem as regiões específicas de interesse (Reischl, 2006; Reed *et al.*, 2007).

3. Materiais e métodos

3.1 Materiais:

3.1.1 Equipamentos e instrumentos

Tabela (3-1): equipamento e instrumentos utilizados no estudo.

Equipamento	Empresa	Origem
Autoclave	Monarch MSI	Alemanha
Equilíbrio	Stuart Scientific	REINO UNIDO
Queimador	Al-Hani	China
Centrifugadora	Hattich	Alemanha
Caixa de frio	Eskemo	Índia
Câmara digital	Canon	Japão
Aparelho de eletroforese	Bioneer	Coreia
Tubo Eppendorf (1,0 -0,2 pl)	Genoma	China
Incubadora	Drawell	China
Fluxo de ar laminar	iraquiano	iraquiano
Microscópico	Olympus	Japão
Agitador magnético com placa quente	Spinmix	Inglaterra
Magpurix	Zinexts life science corp	Taiwan
Tubos de microcentrifugação 1,5 ml	Bio-base	China
Microcentrifugadora	Hettich	Alemanha
Micropipeta 1.0-1000pl	Laboratório de dragões	China
Placa de microtitulação de 96 poços	Bio Básico	Canadá
Micro-ondas	LG	Coreia
Nanodrop	LabTech	REINO UNIDO
Forno	Memmert	Alemanha
Medidor de PH	Orientar	EUA
Tubo de plano	AFCO	Jorden
Termociclador em tempo real	QIAGEN	Alemanha
Frigorífico	LG	Coreia
Equilíbrio sensível	Sartorius	Alemanha
Incubadora Shaker	GFL	Alemanha
PCR	Sistema biológico aplicado	EUA
Iluminador de raios ultravioleta	Bio-base	China
Sistema VITEK 2	Bio Merieux	França
Misturador Vortex	Bionex	Coreia
Banho de água	Dra-bem	China

3.1.2 Produtos químicos e reagentes

No presente estudo, foram utilizados os seguintes reagentes e produtos químicos gerais, enumerados na tabela (3-2).

Tabela (3-2): Os reagentes e produtos químicos utilizados no estudo.

Produtos químicos	**Fontes**	**País**
Etanol absoluto	Wiz-bio	Coreia
Gel de agarose	Promega	EUA
Clorofórmio	Promega	EUA
Cristal violeta	Himedia	Índia
Brometo de etídio	Promega	EUA
Álcool etílico	BDH	Inglaterra
Ácido etileno diamino tetra-acético (EDTA)	BDH	Inglaterra
Corante de carga fluorescente (SYBR Green)	Wiz-bio	Coreia
Glicerol	Sigmia	EUA
Isopropanal	Promega	EUA
Corante de carga 6X	Promega	EUA
Tubo de suporte Mcfarland (0,5)	Biomerieux	França
Antibiótico Meropenem em pó	Pioneiro	Iraque
Solução salina normal	Pioneiro	Iraque
Água sem nuclease	Promega	EUA
Controlo positivo	Wiz-bio	Coreia
Primers RT-PCR&HRM	Wiz-bio	Coreia
Primers PCR	Macrogénio	Coreia
Redsefte	Biotecnologia	Coreia
Resazurina	Promega	EUA
Hidróxido de sódio (NaOH)	BDH	Inglaterra
Tampão TBE (10x) Tris-borato EDTE	Promega	EUA
Reagente TRIzol	Thermo Scientific	EUA

3.1.3 Meios de cultura

Os meios de cultura utilizados neste estudo e os seus fornecedores estão listados no Quadro (3-3).

Tabela (3-3): Meios de cultura utilizados neste estudo e respetivas origens.

Media	**Empresa**	**Origem**
Caldo de infusão cérebro-coração	Difco	Itália
CHROMagar Meio de orientação	HiMedia	Índia
Ágar MacConkey	Oxoide	Inglaterra
Ágar Muller Hinton	Olá, media	Índia
Caldo Muller Hinton	Olá, media	Índia
Caldo de nutrientes	Liofilchem	Itália

3.1.4 Kits

No presente estudo, foram utilizados os seguintes kits, enumerados no quadro (3-4).

Tabela (3-4): Kits utilizados neste estudo.

Nome dos kits	Empresa	Origem
Kit de extração de ADN bacteriano 200 (automatizado)	MagPurix	Taiwan
Mistura principal (SYBR green)	Promega	EUA
Ready Master mix PCR	Promega	EUA
Kit do sistema Vitek2	Biomerieux	França
Extração bacteriana de ADN genómico Wizard	Promega	EUA

3.1.5 Primários

3.1.5.1. Neste estudo, foram utilizados iniciadores específicos concebidos para a PCR Multiplex-RT e a HRM, conforme indicado na tabela (3-5).

Tabela (3-5): Primers concebidos para a PCR Multiplex-RT e HRM utilizados neste estudo.

Gene alvo	Nome do iniciador	Sequência do iniciador de oligonucleótidos (5-3)	Tamanho do ambilicon (bp)
16S rRNA	16S-F	GCCCAGTAATTCCGATTA	100
	16S-R	CCTCATCGATTGACGTTA	
bla-KPC	KPC-F	ACCCGTTAACTTCTTCAA	134
	KPC-R	GAGCAAGTTATCTGTATTCTTTA	
bla-IMP	IMP-F	GCAGCAGTTTGTTGATTG	137
	IMP-R	CGACGGCATAGTCATTTG	
bla-OXA48	OXA48-F	GCACAACTGAGTACTTCA	109
	OXA48-R	GGATGAACACCAAGTCTTTA	
bla-NDM	NDM-F	CTTGCTGTCCTTGATCAG	
	NDM-R	CCCGCTCAAGGTATTTTAC	101
bla-VIM	VIM-F	CCCTATGGAGTCTTGATGTTA	138
	VIM-R	GACCGGAATTTCGTTGAC	

3.1.5.2 Primers específicos concebidos para a PCR convencional utilizados neste estudo, como se mostra na tabela (3-6)

Tabela (3-6): Os primers da PCR convencional utilizados neste estudo.

Gene alvo	Nome do iniciador	Sequência do iniciador de oligonucleótidos (5-3)	Tamanho do amplicon (bp)	Referência
bla-KPC	KPC-F	CGTCTAGTTCTGCTGTCTTG	789	(poirel *et al.* ,2011)
	KPC-R	CTTGTCATCCTTGTTAGGCG		
bla-IMP	IMP-F	TTGACACTCCATTTACDG	139	(Dallenne *et al.* ,2010)
	IMP-R	GATYGAGAATTAAGCCACYCT		
blaOXA48	OXA48-F	GCGTGGTTAAGGATGAACAC	438	(Gondal *et al.*

	OXA48-R	CATCAAGTTCAACCCAACCG		,2020)
bla-NDM	NDM-F	ATGGAATTGCCCAATATTATGCAC	813	
	NDM-R	TCAGCGCAGCTTGTCGGC		
bla-VIM	VIM-F	GATGGTGTTTGGTCGCATA	390	(Dallenne *et al.*, 2010)
	VIM-R	CGAATGCGCAGCACCAG		

3.1.6 Discos de antibióticos

Tabela (3-7): Discos de antibióticos utilizados neste estudo

Discos de antibióticos

Antibiótico	Símbolo	Concentração (pg/disco)	Origem
Amicacina	AM	30	Liofilchmem\Itália
Ampicilina Sulbactam	GN	10	
Aztreonam	TOB	10	
Cefepima	RA	5	
Cefotaxima	CAZ	30	
Ceftazidima	CTX	5	
Ceftriaxona	CRO	30	
Ciprofloxacina	FEP	100	
Colistina	IMP	10	
Gentamicina	MEM	10	
Imipenem	CL	10	
Levofloxacina	TMP	5	
Meropenem	CIP	5	
Piperacilina	AMP	30	
Rifambicina	PRL	100	
Tigaciclina	LEV	5	
Tobramicina	ATM	30	
Trimetoprim	TGC	30	

3.1.7 Marcadores

Os marcadores utilizados neste estudo estão listados na Tabela (3-8).

Tabela (3-8): Marcadores utilizados neste estudo

Id	Marcadores	Empresa de fabrico
1	Escada de ADN de 100 pb	Bioneer / Coreia

3.2 Métodos

3.2.1 Amostras de urina

Recolha de amostras A urina limpa a meio do jato foi recolhida de cada doente para um recipiente universal calibrado, estéril e com tampa de rosca de 20 ml, que foi inicialmente distribuído aos doentes. A amostra foi devidamente etiquetada, transportada para o laboratório e analisada no prazo de 2 horas após a colheita, tendo todos os doentes recebido instruções sobre a forma de colher a amostra de urina de forma asséptica para evitar a contaminação.

No total, foram recolhidas 250 amostras clínicas, incluindo urinas, de novembro de 2020 a março de 2021, de doentes internados com ITU de quatro hospitais em Bagdade, como se segue: Hospital Universitário de Bagdade, Laboratórios de Ensino / Cidade Médica, Hospital Al-Yarmuk e Hospital Universitário Al-

Karama.

Todas as amostras de urina foram inoculadas com uma ansa estéril imediatamente em (ágar Mac Conkey e meio CHROMagar Orientation). Todas as placas de ágar foram incubadas aerobicamente a 37°C durante 24 horas.

3.2.2 Métodos de esterilização

Todos os meios de cultura foram preparados de acordo com as instruções do fabricante

A) Os meios foram esterilizados em autoclave a 121°C (15b/In^2) durante 15 minutos.

B) As soluções que podem ser desnaturadas por altas temperaturas foram esterilizadas por filtrações através de filtros Millipore (0,22 µm).

C) O material de vidro foi esterilizado por calor seco num forno elétrico a 180 °C durante 2 horas.

3.2.3 Reagentes e soluções

3.2.3.1 Soluções de eletroforese em gel (Sambrook *et al.*, 1987) a-

Corante de brometo de etídio (10 mg/ml): O brometo de etídio (10 mg/ml) foi preparado dissolvendo 1 g do corante em 100 ml de água destilada esterilizada e conservando-o a 2-8°C no escuro.

b- Tris-borato-EDTA (TBE): O tampão de trabalho (1X) foi preparado adicionando 100 ml de tampão TBE (10 X) a 900 ml de água destilada.

3.2.4 Isolamento de *Klebseilla pneumoniae*

As amostras recolhidas foram semeadas diretamente em ágar MacConkey e em meio CHROMagar Orientation no laboratório de cada hospital, em condições assépticas, e incubadas durante 24 horas a 37° C. As colónias que fermentam a lactose no ágar MacConkey e as colónias mucoides azuis metálicas no meio UTI CHROMagar Orientation podem ser submetidas a verificações de reconhecimento adicionais utilizando o sistema VITEK 2.

3.2.5 Identificação de *K. pneumoniae*

3.2.5.1 Caraterísticas morfológicas

Após o isolamento, obtêm-se colónias individuais de bactérias inicialmente diagnosticadas, dependendo das caraterísticas fenotípicas de uma colónia, que incluem o tamanho, a cor, a forma, o bordo e a altura.

3.2.5.2 Exame microscópico (coloração de Gram)

Todos os isolados bacterianos foram testados quanto à capacidade de coloração de Gram, e a forma e a cor das células foram analisadas utilizando um microscópio de emersão de óleo.

3.2.5.3 Sistema de diagnóstico VITEK 2 (Pincus, 2006)

Todos os isolados de *K. pneumoniae* foram identificados ao nível da espécie

utilizando o sistema compacto VITEK-2 com a utilização de bactérias G-ve de identificação (ID-
GNB) de acordo com as instruções do fabricante. O sistema inclui o instrumento VITEK-2 compact, um computador e uma impressora. O software fornecido com o sistema VITEK-2 compact inclui programas de análise e de gestão de dados.

Nesta análise, o sistema VITEK 2 foi utilizado para confirmar a identificação de *Klebsiella* spp. como se segue:

1. Uma única colónia pura de isolado bacteriano foi suspensa em 3 ml de solução salina fisiológica normal num tubo estéril.
2. A suspensão bacteriana foi comparada com uma solução estática turva padrão (Turbidity Measurement System) para medir a turbidez do fornecedor. Empresa, onde a concentração final dentro do tubo deve ser de cerca de 0,5-0,63.
3. Os tubos foram colocados no seu próprio suporte após a adição de VITEK 2 Cassette a cada exame de tubo, dependendo da coloração de Gram de diagnóstico, onde existe uma tira especial de bactérias Gram-negativas.
4. O suporte que contém os tubos e a cassete foi transferido para o sistema, colocado no primeiro no campo de enchimentos (filler), preenche automaticamente a cassete com a suspensão bacteriana e, depois de terminado o processo, o sinal de fim foi emitido pelo dispositivo.
5. O segundo leitor de campo (leitor) foi transferido para ele, o primeiro dos quais foi para cortar as fitas, e oferecer ordem (carga) é um sinal digital que foi realizada. A cremalheira que segura o tubo, desloca-se do dispositivo para fornecer os dados de cada amostra num computador ligado ao sistema VITEK.
6. As torneiras foram deixadas durante 24 horas a 37 C° e, em seguida, foram lidos os resultados para o diagnóstico de bactérias.

3.2.5.4 Teste de suscetibilidade antimicrobiana pelo método de difusão em disco (DDT)

Seguiu-se o método de Kirby-Bauer, descrito pelo CLSI (2020), para efetuar o teste de suscetibilidade aos antibióticos para 18 antibióticos diferentes (apresentados no Quadro 3-7). A suspensão bacteriana foi preparada através da colheita de 1-2 colónias isoladas de *K. pneumoniae* da cultura original e introduzida num tubo de ensaio contendo 4 ml de solução salina normal para produzir uma suspensão bacteriana de turvação moderada em comparação com o padrão McFarland (0,5). Em seguida, os discos antimicrobianos foram colocados no ágar com uma pinça estéril, pressionando-os firmemente para assegurar o contacto com o ágar. Mais tarde, as placas foram incubadas a 37°C durante 18-24 horas.

As zonas de inibição desenvolvidas à volta dos discos foram medidas em milímetros (mm) utilizando uma régua métrica de acordo com o Clinical Laboratories Standards Institute (CLSI, 2020). O isolado foi interpretado como suscetível, intermédio ou resistente a um determinado fármaco por comparação com as zonas de inibição padrão, conforme ilustrado na Tabela (3-9).

Tabela (3-9): Padrões interpretativos dos diâmetros das zonas de inibição de acordo com o CLSI, (2020).

Não.	Agente antibiótico	Concentração de disco pg/dick	Diâmetro da zona de inibição (mm)		
			Sensível	Intermediário	Resistente
1	Amicacina	30	>17	15-16	<14
2	Gentamicina	10	> 15	13-14	< 12
3	Tobramicina	30	> 15	13-14	< 12
4	Rifambicina	5	> 15	12-14	< 11
5	Ceftazidima	30	>18	15-17	<14
6	Cefotaxima	5	>20	17-19	< 16
7	Ceftriaxona	30	>26	23-25	<22
8	Cefepima	5	> 19	16-18	< 15
9	Imipenem	10	> 13	14-15	< 13
10	Meropenem	10	> 16	14-15	< 13
11	Colistina	10	>19	16-18	< 15
12	Trimetoprim	5	>16	11-15	<10
13	Ciprofloxacina	10	> 21	16-20	< 15
14	Ampicilina /sulbactam	30	> 15	12-14	< 11
15	Piperacilina	100	> 18	-	< 17
16	Levofloxacina	30	>17	16-14	<13
17	Azetreonam	30	>22	16-21	< 15
18	Tigaciclina	5	>17	16-14	<13

3.2.6 Método combinado de difusão em disco (deteção de MBL)

Foi efectuada uma cultura de relva do isolado de teste (padrão de opacidade de 0,5 McFarland) em ágar Muller Hinton. Dois discos de 10 pg de imipenem foram colocados em placas inoculadas. A um dos discos de imipenem, foram adicionados 10 µï de solução de EDTA 0,5 M. Após incubação durante a noite, se a zona de inibição dos discos de imipenem + EDTA em comparação com o imipenem sozinho for >7 mm, o teste foi considerado positivo (Sachdeva *et al.*, 2017).

3.2.7 Preservação dos isolados

1. **Armazenamento a curto prazo:** Os isolados foram cultivados regularmente de duas em duas semanas em ágar McConkey e mantidos a 4°C (Hanne e Finkelstein, 1982).

2. Armazenamento a longo prazo: Os isolados foram cultivados no caldo de infusão de cérebro-coração durante 24 horas a 37°C. De seguida, adicionou-se glicerol esterilizado a 40% e manteve-se a -20°C (Hanne e Finkelstein,1982).

3.2.8 Extração de ADN genómico

3.2.8.1 Extração automatizada de ADN genómico

Extração de ADN genómico de bactérias Gram-negativas. O ADN genómico foi extraído das amostras de culturas bacterianas através do Bacterial DNA extraction Kit, com base na tecnologia MagPurix, um sistema totalmente automatizado e altamente inovador para amostras rápidas de biologia molecular, que é uma plataforma de ponta que utiliza esferas magnéticas para extrair ácidos nucleicos de amostras. A plataforma compromete-se a automatizar verdadeiramente a purificação de ácidos nucleicos, desde as amostras até aos resultados.

A tecnologia MagPurix garante resultados de alta qualidade em apenas 3 passos simples: carregar amostras, executar o protocolo pré-programado e recolher os resultados. O processo de purificação contém etapas de lise, ligação, lavagem e eluição.

3.2.8.2 Extração de ADN bacteriano (manual)

Este procedimento foi efectuado utilizando um kit de extração e purificação de ADN disponível no mercado (Wizard- Genomic- DNA-Purification Kit).

O procedimento foi explicado em pormenor no manual do utilizador. As etapas significativas do procedimento:

1. A nova cultura de células bacterianas de um dia para o outro (0,5-1 µî) foi transferida para um tubo de microcentrífuga de 1,5 pl.

2. Adicionaram-se seiscentos pl de solução de lise de núcleos e misturaram-se suavemente com a pipeta.

3. Incubar durante 5 minutos a 80°C e depois arrefecer até à temperatura ambiente.

4. Foram adicionados três pl de solução de RNase. Misturar e incubar a 37°C durante

15-60 minutos e depois arrefecer até à temperatura ambiente.

5. Adicionam-se duzentos pl de solução de precipitação de proteínas. Agitar em vórtice.

Foram incubadas em gelo durante 5 minutos.

6. Centrifugar a 13.000-16.000 rpm durante 3 minutos.

7. Transferir o sobrenadante para um tubo limpo contendo seiscentos pl de isopropanol à temperatura ambiente. Mistura.

8. Centrifugado como em "Pellet Cell" acima e o sobrenadante foi decantado.

9. Adicionaram-se seiscentos pl de etanol a 70% à temperatura ambiente.

Misturado.

10. Centrifugar durante 2 minutos a 13.000-16.000 rpm.

11. O etanol foi aspirado e o sedimento foi seco ao ar durante 10-15 minutos.

12. O sedimento de ADN foi re-hidratado em 100 ml de solução de re-hidratação durante 1 hora a 65°C.

13. O ADN foi armazenado a -20 °C até à amplificação por PCR.

3.2.9 Medição da concentração e pureza do ADN

A concentração e a purificação do ADN extraído foram medidas utilizando o espetrofotómetro Nanodrop, medindo o teor de ácido nucleico de uma amostra em volumes entre 1 pL O ADN absorve luz ultravioleta com um máximo de absorção no comprimento de onda de 260 nm. Adicionalmente, o ADN, uma medida secundária da pureza do ácido nucleico, indica contaminantes que absorvem a 230 nm. Os valores esperados de 260/230 situam-se normalmente no intervalo de 2,0-2,2.

3.2.10 Eletroforese em gel de agarose

Após a extração do ADN genómico, é adoptada a eletroforese em gel de agarose para confirmar a presença e a integridade do ADN extraído (Sambrook e Russel, 2001).

A- Preparação do tampão TBE 1X

Uma quantidade de 100 ml de tampão TBE 10X foi diluída para 1X por adição de 900 ml de água destilada e armazenada à temperatura ambiente (18-22° C).

B- Preparação do gel de agarose (1%)

As etapas da preparação do gel de agarose são as seguintes:

❖ Colocou-se num copo uma quantidade de 100 ml de TBE (1X).

❖ Foi adicionado pó de agarose (1 g) ao tampão.

❖ A solução foi aquecida até ao ponto de ebulição utilizando o micro-ondas até que todas as partículas de gel estivessem dissolvidas; foram tomadas precauções para evitar a evaporação da solução, o que levaria à alteração das concentrações dos componentes.

❖ Adicionou-se uma quantidade de 2 µï de brometo de etídio com uma concentração de 10 mg/ml à solução de agarose e misturou-se suavemente para evitar a formação de bolhas.

❖ A mistura foi deixada a arrefecer a 50 - 60° C.

C- Moldagem do gel de agarose para eletroforese horizontal.

Depois de fechar os bordos do tabuleiro com fita adesiva e de fixar o pente a 1 cm de distância de um dos bordos do tabuleiro, a solução de agarose é vertida no tabuleiro de gel e deixada a solidificar à temperatura ambiente (18-22° C) durante 30 minutos, após o que o pente é retirado suavemente e o tabuleiro de gel é colocado no tanque de gel, que é enchido com tampão TBE 1x até o tabuleiro de gel estar completamente imerso (Sambrook e Russel, 2001).

D- Carga de ADN e eletroforese

Uma quantidade igual a 7µl de ADN foi misturada com 3µl de corante de carga 6X. As amostras foram colocadas cuidadosamente nos poços individuais do gel e, em seguida, a energia eléctrica foi ligada a 80 volts durante 30 minutos, após o que o ADN passou dos pólos catódicos (-) para os pólos anódicos (+).

As bandas coradas com brometo de etídio no gel foram visualizadas utilizando um transiluminador UV e fotografadas.

3.2.11Detecção de genes de carbapenemases por PCR convencional

A PCR convencional foi utilizada para a deteção dos seguintes genes neste estudo: A PCR foi utilizada para amplificar os genes da carbapenemase, incluindo: *1*- gene *bla-IMP*.

2- gene *bla-VIM.*
3- gene *bla-KPC.*
4- gene *bla-NDM.*
5- gene *bla-OXA48.*

3.2.11.1 Seleção e preparação dos primers

No que diz respeito à reação de PCR convencional, foram utilizados os primers para a deteção de cada gene. Os primers dos genes da carbapenemase (genes *blaIMP ,bla-VIM, bla-KPC ,bla-NDM* e *bla-OXA48*). Os primers forward e reverse que detectam os fragmentos de 139,390,789,813 e 438 pb dos genes *bla-IMP ,bla-VIM, bla-KPC ,bla-NDM* e *bla-OXA48*, respetivamente, foram escolhidos de acordo com os métodos descritos nas referências da tabela (3-6) e as sequências dos referidos primers foram listadas na mesma tabela. Estes primers foram fornecidos na forma liofilizada, dissolvidos em água destilada desionizada estéril para obter uma concentração final de 100 picomole/µï, conforme recomendado pelo fornecedor, e armazenados num congelador até à sua utilização.

3.2.11.2 Reação de amplificação

Utilizando 25pL de reação de PCR, 2 µï de DNA template (100 ng/µï) foram amplificados utilizando 12,5 µï de Go *Taq*® green master mix (Promega, EUA) e 1 µï de cada primer (10 pmol/pL) para cada gene específico, até ao volume final de 25 µï com água livre de nucleases (8,5 µï). O DNA extraído, os primers e a pré-mistura de PCR foram descongelados a 4 ° C, vórtices e centrifugados brevemente para trazer o conteúdo para o fundo dos tubos. A otimização da reação em cadeia da polimerase foi realizada após vários ensaios. O controlo negativo continha todo o material exceto o ADN, tendo sido adicionado D.W.

em vez do ADN modelo. Os programas de PCR foram definidos num termociclador (Applied BioSystem).

Tabela (3-10): Volume de PCR para a deteção de genes de carbapenemases.

Componente	Volume µl
Mistura principal verde Go Taq ® 2X	12.5
Primário direto	1
Primário inverso	1
Modelo de ADN	2
Água sem nuclease	8.5
Volume total	25

3.2.11.3As condições de ciclo dos genes *bla-IMP*, *bla-VIM*, *bla KPC*, *bla-NDM* e *bla-OXA48*

O ensaio de reação em cadeia da polimerase foi realizado para detetar os genes da carbapenemase nos isolados de *K. pneumoniae* como PCR uniplex para detetar cada gene, de acordo com as condições explicadas na tabela (3-11).

Tabela (3-11): Condições da reação de PCR uniplex para a deteção de genes de carbapenemases.

Gene alvo	**Condições de PCR**	**N.º de ciclos**
bla -NDM e *bla - OXA48*	Desnaturação inicial durante 5 min a 95°C Desnaturação 95 °C durante 30 seg. Recozimento 52 °C durante 30 seg. Extensão 72 °C durante 1 min Extensão final a 72 °C durante 7 min	Icycle 30 ciclos 1 ciclo
bla -KPC e *bla - VIM*	Desnaturação inicial durante 5 min a 95°C Desnaturação 95 °C durante 30 seg. Recozimento 56 °C durante 30 seg. Extensão 72 °C durante I min Extensão final a 72 °C durante 7 min	Icycle 30 ciclos 1 ciclo
bla -IMP	Desnaturação inicial durante 5 min a 95°C Desnaturação 95°C durante 30 seg. Recozimento 55 °C durante 30 seg. Extensão 72 °C durante 1 min Extensão final a 72 °C durante 7 min	Icycle 30 ciclos 1 ciclo

3.2.12 Eletroforese em gel de agarose

Após a amplificação da PCR, foi adoptada a eletroforese em gel de agarose (1,5%) para confirmar a presença da amplificação. A PCR foi completamente dependente dos critérios de ADN extraído, previamente preparados como na secção 3.2.12.

3.2.13 Reação em cadeia da polimerase em tempo real e HRM

3.2.13.1 Preparação dos iniciadores:

Neste estudo, os primers foram utilizados para amplificar regiões específicas. Estes primers foram concebidos por (Beacon Designer V: 8.21). Os primers (tabela 3-5) foram fornecidos pela Alpha DNA Company como um produto liofilizado de diferentes concentrações de Pico moles. De acordo com as instruções da empresa fabricante, os primers dissolvidos numa água livre de nuclease para dar uma concentração final de 100 pmol /µῖ, que foi utilizada como solução stock, 10 µῖ desta solução foram adicionados a 90 µῖ de água livre de nuclease para obter 10 pmol/µῖ de concentração final de soluções de primers que foi utilizada na técnica de PCR.

3.2.13.2 Preparação dos controlos

A) Controlo positivo (PC)

Em alguns casos, pode ser necessário incluir um controlo positivo, contendo uma concentração conhecida ou um número de cópias do modelo utilizado apenas para testar a presença ou ausência do alvo. Os controlos positivos liofilizados da (Wiz- bio) utilizados neste estudo são suspensos em água sem nuclease para obter uma concentração final de (20ng/ul) (como solução de reserva); para preparar a concentração de 10 µM como trabalho O controlo positivo suspenso 10 µX foi suspenso em 90 µl de água sem nuclease para atingir uma concentração final.

B) Controlo interno (CI):

O IC foi concebido com uma região do gene housekeeping (16S rRNA) que é utilizado em diagnósticos moleculares para verificar se as experiências e condições de PCR em tempo real são óptimas e para controlar a amplificação para uma interpretação correta dos resultados. Tradicionalmente, os controlos internos são amplificados juntamente com a sequência-alvo durante a mesma reação de PCR em tempo real e executados para monitorizar se o processo decorreu corretamente para cada amostra.

D) Controlo sem modelo (NTC):

Todas as experiências de quantificação devem incluir um NTC , contendo todos os componentes da reação, exceto o modelo de ADN. Isto permite a deteção de contaminação (ou água distal).

3.2.13.3 PCR multiplex em tempo real com análise de fusão de alta resolução para deteção de genes

Os multiplexes foram concebidos com base na determinação dos genes de *Klebsiella* carbapenem. O processo foi conduzido através da deteção de cinco genes diferentes e de um IC (gene de manutenção) no ADN genómico total purificado (método totalmente automatizado) de todos os isolados. Estes seis genes escolhidos (foram divididos em dois penais, cada penal contém três genes diferentes).

A pena 1 contém: *16S rRNA, bla-KPC , bla-OXA 48* , enquanto que o Penal 2 contém: *bla-VIM , bla-IMP , bla-NDM* realizados com os iniciadores selecionados descritos no quadro (3-5).

Resultados positivos para a deteção de genes e análise de dados observados como curvas florescentes exponenciais de amplificação num ecrã de computador específico ligado ao ciclo térmico.

Tabela (3-12): Componentes da reação de RT-PCR para amplificar o alvo fragmentos.

Componente	Volume µῖ

Mistura principal SYBR Green (Wiz-bio)	10
Primário direto	0. 5
Primário inverso	0. 5
Modelo de ADN	2
Água sem nuclease	7
Volume total	20 µï

A mistura dos componentes da reação de PCR em tempo real multiplex e as condições do programa para cada penal 1 e 2 estão descritas nas Tabelas (3-12) , reacções multiplex para detetar a melhor temperatura de recozimento com um volume total de 20 gL.

A mistura de reação para a PCR em tempo real multiplex foi realizada em 20 µï. de10 gL de mistura principal (SYBR green), 1 gL de painel 1 ou painel 2 (primer forward &Revers), 2 pL de modelo de ADN, 7 pL de D.w.

As condições do programa para a PCR em tempo real multiplex consistiram num passo inicial de 5 minutos a 95 °C (1 ciclo), seguido de ciclos de 5 s a 95 °C, 20 s a 60 °C e 10 s a 72 °C. Seguiram-se (40 repetições) e manutenção a 50 s a 55 °C (1 ciclo), fusão (60-90) com aumento de 0,50 graus, manutenção durante 1 segundo em cada passo, aquisição para HRM. Seguiu-se (40 repetições) e manutenção a 50 s a 55 °C (1 ciclo), fusão (60-90) com aumento de 0,50 graus, manutenção durante 1 segundo em cada passo, aquisição para HRM, utilizando o termociclador em tempo real Multiplex de acordo com o protocolo recomendado pelo fabricante. O programa de amplificação RT-PCR é apresentado no quadro (3-13).

Tabela (3-13): RT-PCR com programa de amplificação do ensaio HRM.

Passos	Temperatura	Tempo/seg	Ciclos
Manter	95	300	1 ciclo
Desnaturação	95	5	40 ciclos
Recozimento	60	20 seg.	
Extensão	72	10 seg.	
Manter	55	50 seg.	1 ciclo
Temperatura de fusão	60-90 *	Subir 0,50 graus, manter durante 1 segundo cada passo, Adquirir a[HRM]	

***Deteção de corantes (Filter HRM) para SYBR green**

3.2.14 Determinação da concentração inibitória mínima (CIM) do meropenem

A atividade antibacteriana do Meropenem utilizando os ensaios de concentração inibitória mínima (CIM) e concentração inibitória submínima 1/2 (Sub-CIM) contra *K. pneumonia* Gram-negativa. (Wiegand *et al.,*2008) afirmaram que a CIM foi determinada numa placa de microtitulação de 96 poços utilizando a técnica de microdiluição assistida por resazurina em caldo Mueller-Hinton (MHB) da seguinte forma

1. Material de teste, que era:
a) Controlo positivo (apenas suspensão bacteriana).
b) Controlo negativo (apenas MHB).
c) Antibiótico meropenem
2. Preparação de materiais de ensaio com o triplo da concentração final necessária.
3. Foram feitos cem µî de meio de cultura em cada poço de ltol2.
4. Cem µî de material de teste diluído foram transferidos para o primeiro poço.
5. Ao transferir 100 µî do primeiro para o 12 poço (as concentrações foram 250,125,62,5, 31,3,15,6,7,8,3,9,1,9,0,97,0,48,0,24 e 0,12 pg/ml), além dos controlos.
6. Cada poço foi inoculado com 100 µî de suspensão bacteriana equivalente ao padrão McFarland no (0,5).
7. A placa de microtitulação foi incubada a 37 C durante 24 h.
8. O corante de resazurina foi feito dissolvendo 0,015 g de resazurina sódica em 100 ml de água destilada, depois misturando e filtrando através de um filtro de membrana estéril (0,22pm) antes de ser mantido no escuro a 4° C por até duas semanas após esta preparação (Neethu *et al.,*2018). 30 µî de resazurina (0,015%) preparada foi adicionada a cada poço (30pl/poço), e incubada por 2 a 4 hrs. para a observação da mudança de cor.
9. Após a conclusão da incubação, as filas sem alteração da cor (a cor azul da resazurina permaneceu inalterada) foram classificadas como acima da CIM, enquanto o último poço azul da fila foi registado como CIM e o poço rosa seguinte foi registado como Sub-CIM.

3.2.15 Análise da expressão genética utilizando a técnica de RT-PCR quantitativa

Para avaliar o efeito do meropernem na expressão do gene *bla-IMP e bla-VIM*, a medição da expressão do gene dos dois genes nos isolados resistentes foi efectuada antes e depois do tratamento com o meropernem. A concentração sub-MIC do meropernem foi utilizada para permitir o crescimento bacteriano.

3.2.15.1 Isolamento do ARN por TRIzol™

1. As células bacterianas foram colhidas num tubo de microcentrifugação, centrifugando durante 1 minuto a 13 000 rpm, e este passo foi repetido até se obter uma quantidade suficiente de sedimento.
2. O sedimento foi ressuspendido em 0,5 ml de Trizol.
3. Cinco minutos de incubação para permitir a dissociação completa do complexo de nucleoproteínas.
4. O clorofórmio foi adicionado como 0,15 ml do Reagente TRIzol™ utilizado para a lise.
5. Incubação durante 2-3 minutos.
6. A amostra foi centrifugada durante 15 minutos a 12 000 x g. A mistura foi separada numa fase inferior vermelha de fenol-clorofórmio, interfase, e numa fase superior aquosa incolor.

7. Transferir a fase aquosa que contém o ARN para um novo tubo.
8. O ARN foi precipitado por adição de 0,45 ml de isopropanol à fase aquosa.
9. A mistura foi incubada durante 10 minutos.
10. Em seguida, centrifugado durante 10 minutos a 12.000 rpm. O precipitado de ARN total forma um pellet branco tipo gel no fundo do tubo.
11. O sobrenadante foi eliminado com uma micropipeta.
12. O sobrenadante é ressuspenso em 0,75 ml de etanol a 75%.
1.1. O vortex é utilizado para dissolver o sedimento e centrifugar durante 5 minutos a 7500 rpm
14 O sobrenadante foi eliminado com uma micropipeta.
15 Para secar o sedimento de ARN, abrir o tubo durante 15 minutos.
16 Em seguida, o pellet foi ressuspenso em 20 µï de água livre de RNase e incubado a 60C durante 15 minutos, utilizando um misturador térmico.
17 Amostras de ARN total armazenadas a -20C até serem processadas para a aplicação a jusante.

3.2.15.2 Síntese de cDNA a partir de ARN

As reacções do protocolo RT devem ser montadas num ambiente livre de RNase.

1. O gelo foi completamente descongelado e os componentes individuais misturados antes da utilização, e depois a reação foi montada em gelo como mencionado na tabela (3-14) .

Tabela (3-14): Síntese de cDNA a partir de ARN

Componente	Volume(pl)
Mistura principal All-In-One 5X RT	4
Extração de ARN total	10
H2 O sem nuclease	6
Volume total	20 µï

2. A reação foi misturada suavemente e circulada brevemente, como mostra a tabela abaixo
programa.

Tabela (3-15): O programa PCR converteu o ARN em cDNA

Etapa	Temperatura (oC)	Tempo (min)	N.º de ciclos
Passo 1	37	15	1
Passo 2	60	10	1
Passo 3	95	3	1

3.2.15.3 Protocolo do ensaio de PCR quantitativo em tempo real (qRT-PCR)

Esta é a etapa principal do nosso projeto, em que se utiliza um iniciador específico para os genes *bla-IMP e bla-VIM* e para as transcrições dos genes de manutenção da casa, tal como mencionado no Quadro 3-5, e o kit de síntese de cDNA protoscript.

Existem três tubos de PCR para cada amostra, um tubo para cada gene, *blaIMP e bla-*

VIM Gene e gene de manutenção. A deteção da quantidade baseia-se no poder fluorescente do SYBR Green. A mistura de reação é composta pelos componentes com as respectivas quantidades, conforme indicado no quadro (3-16).

Tabela (3-16): Volumes e concentrações da mistura de reação qRT-PCR

Componente	Volumoso)
Master Mix SYBR green (promega)	12.5
Primário direto	1
Primário inverso	1
Modelo de cDNA	4
Água sem nuclease	6.5
Volume total	25 µȋ

Os tubos de PCR foram rapidamente centrifugados para remover as bolhas e recolheram o líquido durante 1 minuto a 2000 g. Em seguida, o programa para a PCR em tempo real foi configurado com o protocolo de termociclagem indicado na tabela (3-17).

Tabela (3-17): Programa de ciclo de qRT-PCR.

Passos	Temperatura	Tempo/seg	Ciclos
Desnaturação inicial	95	5	1 ciclo
Desnaturação	95	30 seg.	40 ciclos
Recozimento	60	20 seg.	
Extensão	72	30 seg.	1 ciclo

3.2.15.4 Cálculos da expressão dos genes

Os resultados dos dados de qRT-PCR foram calculados por comparação direta dos valores Ct entre os genes alvo e de referência (housekeeping). Os genes foram analisados através da quantificação relativa dos níveis de expressão génica (fold change) utilizando o método AACt descrito por (Schmittgen *et al.*, 2008), tal como demonstrado nas equações seguintes:

Em primeiro lugar, a ACt entre o gene alvo e o gene de referência foi calculada para cada amostra (para as amostras desconhecidas e a amostra calibradora).

ACt = Ct do gene alvo - Ct do gene de referência

Em segundo lugar, calculou-se a diferença entre o valor ACt do desconhecido e o valor ACt do calibrador, obtendo-se assim o valor AACt:

AACt = (Ct alvo - Ct referência) amostra - (Ct alvo - Ct referência) Controlo

Em terceiro lugar, a quantidade alvo normalizada na amostra foi então igualada a **2-AACt.** Este valor foi utilizado para comparar os níveis de expressão das amostras: **Fold change** = $2^{-\Delta\Delta\alpha}$

Assim, as alterações relativas nos níveis de expressão do ARNm foram determinadas utilizando o método comparativo do valor do ciclo limiar (CT) ($2^{-\Lambda\Lambda}$ °) entre os isolados de bactérias tratados com extrato de meropenem e os não tratados.

3.2.16 Análise estatística

O programa Statistical Analysis System- SAS (2018) foi usado para detetar o efeito dos fatores de diferença nos parâmetros do estudo. O teste de diferença mínima significativa - LSD (Análise de Variação - ANOVA) foi usado para comparar significativamente entre as médias. O teste do qui-quadrado foi utilizado para comparar significativamente a percentagem (0,05 e 0,01 de probabilidade) neste estudo.

CAPÍTULO 4

Resultados e discussão

4.1 Descrição das amostras do estudo

A recolha de amostras do estudo teve lugar no período recolhido entre novembro de 2020 e março de 2021 no Hospital Universitário de Bagdade e nos Laboratórios de Ensino na Cidade Médica/Bagdade, no Hospital Universitário de Al-Yarmuk e no Hospital Universitário de Al-Karama, tendo incluído 250 amostras clínicas como amostras não repetitivas de urina de jato médio (MSU) recolhidas de doentes internados e ambulatórios com infecções do trato urinário (ITU) que deram entrada nestes hospitais durante este período, de ambos os sexos, com idades compreendidas entre os 15 e os 72 anos.

4.2 Isolamento e identificação de isolados *de K. pneumoniae*

O isolamento e a identificação dos isolados foram efectuados de acordo com a sua morfologia na coloração de Gram, caraterísticas culturais e propriedades bioquímicas. Um total de 250 amostras clínicas de urina foram cultivadas em meio seletivo CHROMagar Orientation medium e também em ágar MacConkey. Os isolados obtidos a partir destes meios foram identificados de acordo com os seguintes caracteres que foram observados:

4.2.1 As colónias em meio CHROMagar Orientation e em ágar MacConkey

O meio CHROMagar Orientation foi utilizado para o isolamento específico de agentes patogénicos do trato urinário. No meio CHROMagar Orientation, os isolados de *Klebsiella* apareceram como colónias azuis metálicas a 37°C durante 24 horas, como se mostra na Figura (41), enquanto nas placas de ágar MacConkey, os isolados de *K. pneumoniae* apareceram mucóides, grandes e cor-de-rosa devido à fermentação da lactose, como se mostra na Figura (4-1).

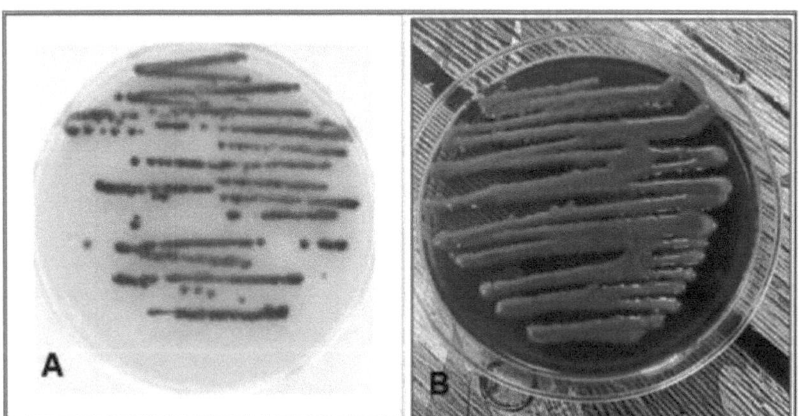

Figura (4-1): Colónias *de Klebsiella pneumoniae* em meios de cultura selectivos e diferenciais. (A)

Meio CHROMagar Orientation e (B) Ágar MacConkey. (24h de incubação a 37° C).

O meio CHROMagar Orientation é um meio fiável para a deteção de bactérias aeróbias Gram-negativas, pois facilita o reconhecimento de diferentes colónias nestes meios. O meio CHROMagar Orientation é preferido devido à elevada exatidão e à rápida identificação com taxas muito baixas de falsos positivos (Filius *et al.*, 2003).

4.2.2 Exame microscópico (coloração de Gram)

Todos os isolados apareceram como coccobacilos Gram-negativos, dispostos individualmente ou em pares.

4.2.3 Identificação de isolados pelo sistema VITEK 2

Todos os isolados foram também identificados pelo sistema VITEK 2 para identificação de bactérias Gram-negativas, tais como isolados de Enterobacteriaceae, *P. aeruginosa* e *Acinetobacter. baumannii*. Foi revelado que a utilização do sistema VITEK 2 confirmou os resultados do exame microscópico e morfológico e do meio CHROMagar Orientation. Os resultados da identificação demonstraram que 80 dos isolados eram *K. pneumoniae* (32%) de todas as amostras testadas, O relatório VITEK 2 é apresentado no anexo (1).

4.3 Distribuição da *pneumonia por Klebsiella* nos doentes de acordo com o género

Este estudo foi realizado em doentes com suspeita de ITU que visitaram 4 hospitais de Bagdade. Foi recolhido um total de 250 amostras não repetitivas de MSU dos doentes para cultura de urina. Apenas 80 (32%) amostras apresentaram um crescimento significativo com os isolados identificados de *K. pneumoniae*. A bactéria patogénica *K. pneumoniae* nas mulheres foi significativamente mais elevada do que nos homens, sendo a maioria dos doentes do sexo feminino 58/80 (75,5%), enquanto a percentagem de homens foi de 22/80 (27,5%), como mostra a Tabela (4-1).

Tabela (4 -1): Distribuição de *K. pneumoniae* entre os pacientes com ITUs de acordo com o género.

Género da IU Doente	N.º de isolados	Percentagem (%)
Mulheres	58	72.5%
Homens	22	27.5 %
Número total	80	100%
Qui-Quadrado $(\chi)^2$	-	16.20 **
Valor de p	-	0.0001
** (P<0.01).		

4.4 Distribuição da *pneumonia por Klebsiella* nos doentes de acordo com o grupo etário

A frequência mais elevada de isolados bacterianos de *K. pneumoniae* foi registada no grupo etário de 45 anos ou mais (37,5%), seguido do grupo etário de 36-45 anos (25%) e depois entre 26-35 anos (21,25%), enquanto a frequência mais baixa foi registada no grupo etário de 15-25 anos (16,25%).

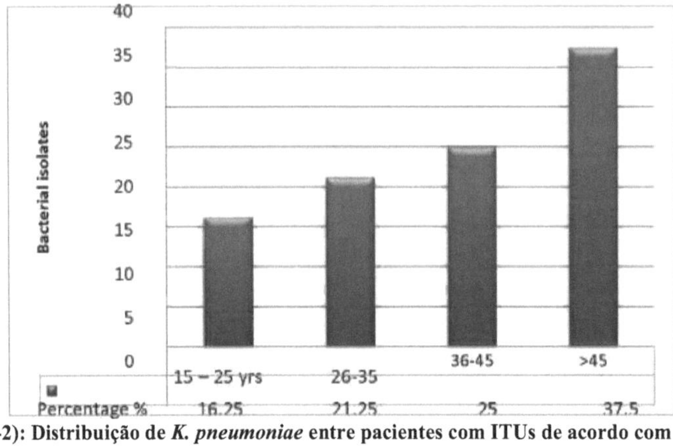

Figura (4-2): Distribuição de *K. pneumoniae* entre pacientes com ITUs de acordo com a faixa etária.

No presente estudo, 32% das amostras de urina foram positivas para isolados *de K. pneumoniae*, sendo que as mulheres apresentaram mais ITU do que os homens, e a maioria dos isolados foi recolhida em doentes com 45 anos ou mais (anexo 2).

Estudos anteriores revelaram que *a K. pneumoniae* foi registada como um dos organismos clínicos mais importantes que suscitou grande preocupação em termos de saúde pública. *A K. pneumoniae* é uma Enterobacteriaceae mundial e ubíqua, é considerada um dos agentes patogénicos oportunistas que causam um vasto espetro de doenças e demonstrou a aquisição de resistência aos antibióticos (Effah *et al*., 2020; Jean *et al*., 2020). A alta distribuição de *K. pneumoniae* entre pacientes com ITU pode ser devida ao uso de cateteres por um longo período de tempo, especialmente em pacientes internados em hospitais, também a disseminação de infecções nosocomiais, especialmente ITUs em pacientes imunocomprometidos e mulheres idosas (Petrosillo *et al*., 2019).

Vários estudos mostraram resultados semelhantes com alta prevalência de *K. pneumoniae* entre pacientes com ITUs (Assafi *et al*., 2015; Polse *et al.,* 2020). O presente estudo concorda com um estudo que revelou que o género feminino estava mais infetado com *Klebsiella* uropatogénica do que o masculino (Ahmed *et al*., 2015). O estudo de Varughese e Beniwal (2015), na Índia, concluiu que *a K. pneumoniae* uropatogénica nos homens (31,6%) era mais dominante do que nas mulheres (7,3%). Também foi relatado por Sattar *et al*. (2019), no Paquistão, que os homens eram mais suscetíveis à *K. pneumoniae* uropatogénica. Além disso, Lee *et al*. (2016), na Coreia, demonstraram que a taxa de *K. pneumoniae* em ITUs estava presente em 7,7% dos homens e 5,3% nas mulheres.

Embora esta infeção afecte ambos os sexos, as mulheres são especialmente mais propensas a desenvolver ITU em comparação com os homens, o que pode dever-se à sua anatomia e fisiologia reprodutiva que permite o acesso rápido das bactérias à bexiga (Magliano *et al*., 2012). Uma razão potencial que pode permitir a autotransmissão e aumentar a taxa de ITU nas mulheres pode estar relacionada com a proximidade entre o trato genital, a uretra e o ânus (Minardi *et al.*, 2011).

Neste estudo, a maior percentagem de isolados *de K. pneumoniae* era proveniente de indivíduos do grupo etário com 45 anos ou mais (27,5%). Este resultado está de acordo com um estudo de Nirwati *et al.* (2019) e Yang e Zhang (2008), que revelaram que a maioria dos isolados *de K. pneumoniae* era abundante entre pessoas na faixa etária de 18-65 e 40-65 anos, respetivamente. Yang e Zhang (2008) verificaram que o grupo etário acima dos 70 anos apresentava uma taxa elevada deste agente patogénico. Por outro lado, Magliano *et al.* (2012) não revelaram diferenças significativas nas taxas de isolamento entre os grupos etários. As diferenças relacionadas com a idade das pessoas podem dever-se à resposta do sistema imunitário. Os doentes adultos (com menos de 40 anos) têm provavelmente um sistema imunitário mais forte. Além disso, os idosos com uma maior incidência de doenças correm um maior risco de infeção por *K. pneumoniae* (Peirano *et al.*, 2013).

A percentagem mais elevada de *K. pneumoniae* entre os doentes idosos pode dever-se à prevalência de ITU que aumenta com a cateterização, as relações sexuais e as alterações hormonais, como a menopausa (John *et al.*, 2016). De facto, *a K. pneumoniae* surge depois da *E. coli* como a principal causa de ITU. Aqui, a taxa de *K. pneumoniae* entre as ITUs foi de 32%. Os estudos revelaram taxas variadas de *K. pneumoniae* nas ITU, tais como 8,8% em Itália (Magliano *et al.,* 2012) e 23,5% na Arábia Saudita (Al Yousef *et al.*, 2016). Existem diferentes agentes patogénicos associados à ITU, mas a patogenicidade da *K. pneumoniae* foi a mais elevada. A patogenicidade *da K. pneumoniae* é atribuída a vários factores de virulência que conferem às bactérias a capacidade de invadir o hospedeiro e de impedir a fagocitose das bactérias, bem como de formar um biofilme (Lin *et al.*, 2014).

4.5 Suscetibilidade antimicrobiana de isolados *de K. pneumoniae*:

O teste de suscetibilidade antimicrobiana foi realizado com 80 isolados de *K. pneumoniae* contra 18 antibióticos, utilizando o teste de difusão em disco de ágar (método de Kirby-Bauer), de acordo com as diretrizes do Clinical Laboratory Standards Institute (CLSI) (2020). Os resultados mostraram que os isolados apresentavam níveis variáveis de resistência aos antibióticos utilizados neste estudo Figura (4-3) e apêndice (3).

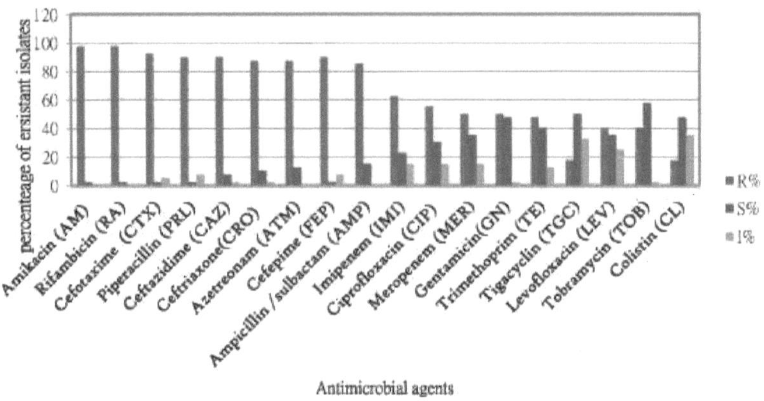

Figura (4-3): Taxa de suscetibilidade aos antibióticos dos isolados de *K. pneumoniae* de ITU contra diferentes antibióticos. (Amicacina AM, Rifambicina RA, Cefotaxima CTX, Piperacilina PRL, Ceftriaxona CRO, Ceftazidima CAZ, Azetreonam ATM, Cefepima FEP, Ampicilina /sulbactam AMP, Imipenem IMI, Ciprofloxacina CIP, Meropenem MER, Gentamicina GN, Trimetoprim TE, Tigaciclina TGC, Levofloxacina LEV, Tobramicina TOB e Colistina CL).

Os resultados do perfil antimicrobiano revelaram um elevado nível de resistência à maioria dos antibióticos estudados. Estes resultados indicaram que a maioria dos isolados era multirresistente, sendo que a taxa de resistência foi de (97,5%) à amicacina e à rifambicina, (92,5%) à cefotaxima, à ceftazidima e à piperacilina, seguida de (90%) à ceftriaxona e ao aztreonam (87,5%), à ampicilina/sulbactam e à cefepima (85%), ao imipenem (85%) e ao imipenem (85%).5%), Ampicilina /sulbactam e Cefepime (85%), Imipenem (62,5%), Ciprofloxacina (55%), Meropenem e Gentamicina (50%), Trimetoprim (47%), Levofloxacina e Tobramicina (40%), Tigaciclina e Colistina (17,5%).

Este estudo demonstrou uma elevada resistência aos aminoglicosídeos e às cefalosporinas, enquanto a resistência aos carbapenemes foi moderada (Imipenem (62,5%) e Meropenem (50%). Além disso, foi registada uma elevada sensibilidade aos antibióticos Colistina e Tigaciclina. Vários estudos locais registaram uma elevada taxa de resistência desta bactéria à terceira e quarta geração de cefalosporinas (Aboulmagd e Alsultan, 2014; Salman e Ghaima, 2018; Abdul-Zahraa *et al.*, 2019). Este facto é consistente com as conclusões de muitos estudos anteriores (Alzahran e Akhtar, 2005; El Nekidy *et al.*, 2017). Um estudo de Khalid *et al.* (2017) na região do Curdistão do Iraque revelou que todos os isolados de *K. pneumoniae* (100 %) eram resistentes à cefepima, à cefotaxima e à ceftazidima. Um estudo de Al-Hasnawi,(2020) em Al-kufa, no Iraque, revelou que todos os isolados apresentavam resistência à ampicilina, à amoxicilina-ácido clavulânico, à cefotaxima, à ceftriaxona, à ceftazidima, à cefoxitina, à cefepima, à tobramicina, à canamicina, ao trimetoprim, ao sulfametoxazol e ao cloranfenicol.

Os carbapenemes são os fármacos de eleição para muitas infecções causadas por *E. coli* e *K. pneumoniae* (Yu *et al.*, 2002). No presente estudo, a colistina é o antibiótico mais eficaz e os resultados indicaram que a maioria dos isolados era suscetível a estes antibióticos, o que é consistente com as conclusões de muitos estudos anteriores.

O aparecimento de resistência aos carbapenemes em *K. pneumoniae* está correlacionado com a produção de *K. Pneumoniae* carbapenemase (KPC) (Nordmann *et al.*, 2009). As taxas crescentes de isolados resistentes a medicamentos no Iraque podem dever-se a programas limitados de vigilância de infecções, a instalações laboratoriais limitadas, à falta de comunicação entre médicos e microbiologistas, à falta de critérios normalizados para determinar isolados resistentes a medicamentos e a más condições sanitárias.

O aparecimento de bactérias *K. pneumoniae* resistentes é considerado uma evidência do desenvolvimento de resistência, uma vez que os mecanismos de resistência aos carbapenemes incluem a produção de lactamases e mutações que alteram a expressão e/ou a função de porinas e proteínas de ligação à penicilina (PBPs) (Walsh, 2005; Bleriot *et al.*, 2020).

Os presentes resultados estavam de acordo com um estudo realizado no Irão que indicou que os padrões de resistência aos antibióticos em isolados clínicos de *Klebsiella pneumoniae* revelaram uma resistência generalizada às cefalosporinas de terceira geração, com cerca de metade deles também resistentes à gentamicina (Jazayeri *et al*, 2018), também Yazdansetad *et al.*, (2019) mencionaram que o teste de suscetibilidade a medicamentos antimicrobianos de isolados *de K. pneumoniae* produtores de betalactamase de espetro alargado (ESßL) revelou elevadas taxas de resistência à cefotaxima e à ceftazidima (100 % e 88 %), bem como elevadas taxas de sensibilidade à colistina e à tigeciclina (100 % e 92 %).

Os resultados de Hussein *et al.* (2022) sobre *K. pneumoniae* isolada de diferentes amostras clínicas mostraram que todos os isolados explorados eram resistentes a Ertapenem, Meropenem e imipenem 47(100%). Fenotipicamente, todos os isolados tinham carbapenemase que hidrolisava os antibióticos carbapenem. Além disso, os isolados mostraram (100%) de resistência à cefazolina, à ampicilina e à amoxicilina/ácido clavulânico, sendo que os isolados resistentes ao carbapenem pertenciam à expressão presente e de alto nível do gene *bla-kpc* nos nossos isolados locais.

O estudo efectuado na China por Wang *et al.* (2022) indicou que a taxa de resistência aos carbapenemes era relativamente elevada; 92,3% para o imipenem e 93,2% para o meropenem. A taxa de resistência ao aztreonam foi de 95,7%; a taxa de resistência às quinolonas foi de 81,9% para a ciprofloxacina e de 79,3% para a levofloxacina. Num estudo local realizado por Hussain (2017), foi relatado que a maior percentagem de resistência foi em relação ao trimetoprim\sulfametoxazol (85,71%), o que concorda com este estudo.

Num estudo anterior realizado na Indonésia, foi demonstrado que *a K. pneumonia* tem uma resistência a vários medicamentos, como a cefepima e a ceftriaxona (Nirwati *et al.*, 2019).

Verificou-se que a elevada resistência que *a Klebsiella pneumoniae* possui é contra as cefalosporinas (ceftriaxona, ceftazidim, cefepim). Além disso, o estudo na cidade de Istambul dos 1452 isolados *de K. pneumoniae*, 45 (3,1%) eram resistentes aos carbapenemes (Davarci *et al.*, 2019).

Um dos estudos mostrou que 63 isolados de *K. pneumoniae* apresentavam taxas de resistência elevadas (100%) à ampicilina/sulbactam e à ceftriaxona, mais de 92% à ceftazidima e ao aztreonam, sendo que as Enterobacteriaceae, como *a K. pneumoniae*, são resistentes às cefalosporinas de terceira geração e ao carbapenem através do desenvolvimento de ESßL e carbapenemases, o que é cada vez mais preocupante (Zhao *et al.*, 2019).

Um estudo efectuado na Índia por Shilpa *et al.* (2016) mostrou que 30 isolados de *K. pneumoniae* apresentavam um elevado nível de resistência ao trimetoprim/sulfametoxazol, enquanto os isolados eram sensíveis à ciprofloxacina 68,90%, à gentamicina 62,50% e ao imipenem 56,66%.

4.6 Teste fenotípico para a produção de carbapenemases

A deteção fenotípica da carbapenemase, que é um dos tipos de metalo-beta-lactamase entre todas as 50 *K. pneumoniae* resistentes aos carbapenemes, foi efectuada através do teste de disco combinado (CDT) Imipenem EDTA. Este teste, que utiliza um disco de imipenem e um disco de EDTA, foi descrito como um método simples para detetar isolados clínicos produtores de MBL, como se mostra na figura (4-4). Este método foi utilizado para determinar a viabilidade da utilização de um disco de imipenem com EDTA adicionado para confirmar isolados clínicos de *K. pneumoniae* produtores de MBL.

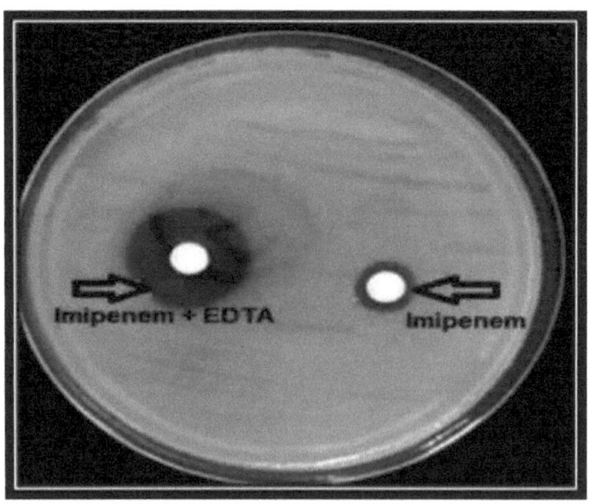

Figura (4-4): Deteção fenotípica de carbapenemase (MBL) por isolados de *K. pneumonia* utilizando o teste de disco combinado (CDT) Imipenem EDTA. O resultado positivo; tamanho da zona de Imipenem e EDTA > 7 mm do que o tamanho da zona de IPM.

Os resultados revelaram que as *K. pneumoniae* produtoras de MBL neste estudo eram resistentes aos antibióticos carbapenemes. A atividade da metalo-beta-lactamase (MBL) é inibida por agentes quelantes. Estão disponíveis vários métodos fenotípicos para a deteção de bactérias produtoras de MBL. Todos estes métodos se baseiam na capacidade dos quelantes de metais, como o EDTA e os compostos à base de tiol, para inibir a atividade das MBL (Khosravi *et al.*, 2012).

O TCD utilizando imipenem + EDTA revelou-se muito sensível para a deteção de MBL. O CDT para a produção de MBL é simples de executar e os materiais utilizados são económicos, não tóxicos e facilmente disponíveis, o que o torna altamente pertinente como teste de rastreio em laboratórios clínicos de rotina. A deteção de MBL é importante para decidir a necessidade terapêutica mais adequada (Franklin *et al.*, 2006).

Num estudo anterior realizado na cidade de Duhok, o investigador demonstrou que a maioria dos isolados *Klebseilla pneumoniae* resistentes aos carbapenemes produzia carbapenemase (Mohammed *et al.*, 2020). Enquanto o estudo na cidade de Erbil foi realizado com 74 amostras de *E. coli* e 24 *de Klebsiella pneumoniae*, verificou-se que a percentagem de isolados que possuíam a enzima carbapnemase para *Klebsiella pneumoniae* multirresistente era de (16,2%) (Ahmed e Ganjo, 2019).

Quanto aos países vizinhos, foi observado num estudo realizado na Arábia Saudita que a resistência aos carbapenemes é cada vez mais registada entre as espécies de Enterobacteriaceae (Alotaibi, 2019).

4.7 Extração de ADN genómico

O ADN genómico foi extraído de isolados *de K. pneumoniae.* A extração de ADN genómico de todos os 80 isolados foi confirmada como bandas por eletroforese em gel. Os resultados da extração de ADN são apresentados na figura (4-5). A concentração e a pureza do ADN foram medidas pelo espetrofotómetro Nanodrop, todos os isolados tinham uma concentração de ADN entre (1,8-2) e a pureza do ADN era (2- 2,2).

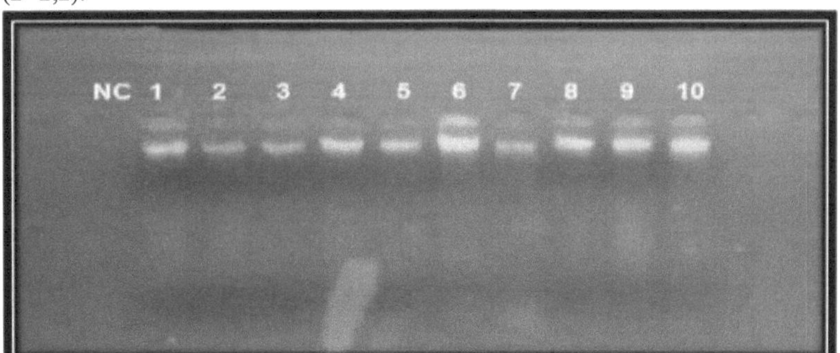

Figura (4-5): Eletroforese em gel de agarose do ADN extraído para verificar a pureza e a integridade. Pistas 1-10: ADN de diferentes isolados *de Klebsiella pneumoniae*, pista NC: Controlo negativo. (agarose 2%, 80 V/ 30 min) .

4.8 Deteção de genes da carbapenemase por reação em cadeia da polimerase (PCR)

A fim de detetar a presença de genes de carbapenemases (*bla-IMP, bla-VIM, bla-KPC, bla-OXA-48* e *bla-NDM*) e determinar a prevalência de cada gene entre os isolados clínicos *de K. pneumoniae*, foi utilizada a reação em cadeia da polimerase (PCR) uniplex para cada amostra de ADN extraído. A reação de PCR incluiu 80 dos isolados produtores de carbapenemases para a deteção dos conjuntos de genes de carbapenemases. Os produtos da PCR foram confirmados através da análise das bandas na eletroforese em gel e da comparação do seu peso molecular com uma escada de ADN de 100 pb. Os resultados da reação de PCR uniplex para estes genes são apresentados nas figuras (4-6), (4-7), (4-8), (4-9) e (4-10).

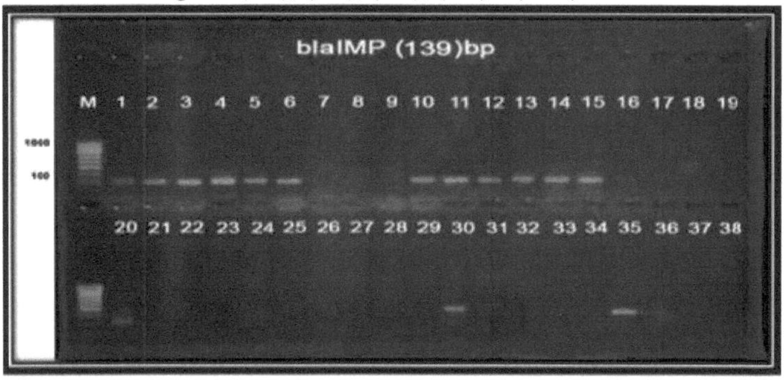

Figura (4-6): Eletroforese em gel de agarose dos produtos de PCR para o gene de resistência *blaIMP* (139 pb). Pista M: escada de ADN de 100 pb; pistas 1-37: Isolado *de K. pneumoniae*; pista 38: Controlo negativo. (agarose 1%, 80V durante 1,5 horas).

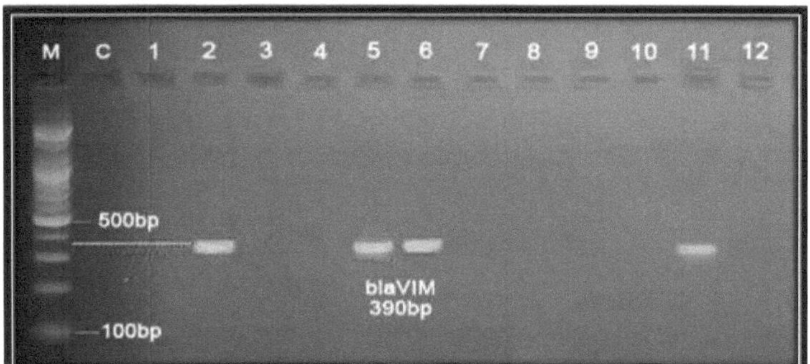

Figura (4-7): Eletroforese em gel de agarose dos produtos de PCR para o gene de resistência *blaVIM* (390 pb). Pista M: escada de ADN de 100 pb; pistas 1-12: Isolado *de K. pneumoniae*; pista C: Controlo negativo. (agarose 1%, 80V durante 1,5 horas).

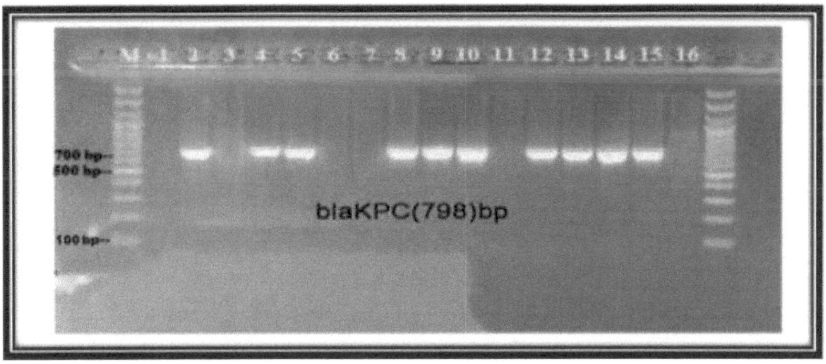

Figura (4-8): Eletroforese em gel de agarose dos produtos de PCR para o gene de resistência *blaKPC* (798 pb). Pista M: escada de ADN de 100 pb; pistas 2-16: Isolado *de K. pneumoniae*; pista C: Controlo negativo. (agarose 1%, 80V durante 1,5 horas).

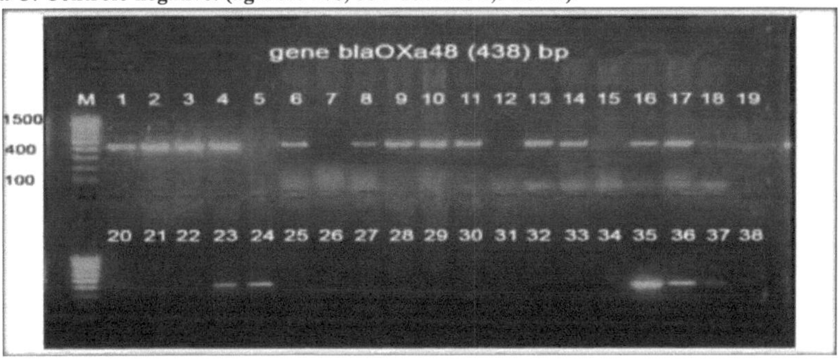

Figura (4-9): Eletroforese em gel de agarose dos produtos de PCR para o gene de resistência *blaOXA- 48* (438 pb). Faixa M: escada de ADN de 100 pb; faixas 1-37: isolados *de K. pneumoniae*; pista 38: controlo negativo. (agarose 1%, 80V durante 1,5 horas).

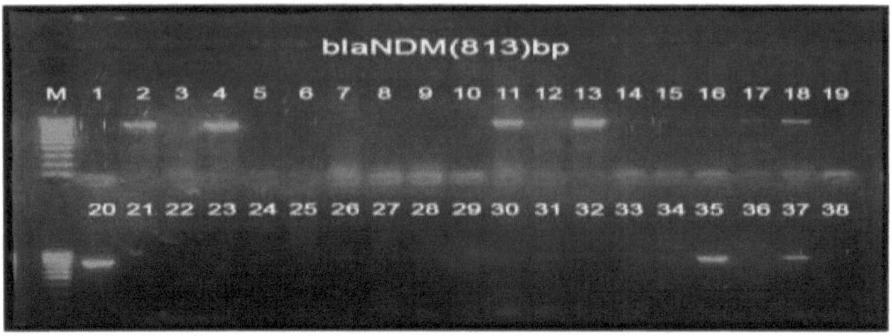

Figura (4-10): Eletroforese em gel de agarose dos produtos de PCR para o gene de resistência *blaNDM* (813 pb). Pista M: escada de ADN de 100 pb; pistas 2-40: isolados *de K. pneumoniae*; pista 1: controlo negativo. (agarose 1%, 80V durante 1,5 horas).

Cada amostra de ADN extraído foi submetida a uma reação de PCR uniplex com cinco conjuntos de iniciadores de *bla-IMP* (138 pb), *bla-VIM* (390 pb), *bla-KPC* (798 pb), *bla-NDM* (813 pb) e *bla-OXA48* (438 pb). Os resultados da distribuição destes genes em todos os isolados *de K. pneumoniae* com os seus genótipos estão demonstrados na Tabela (4-2).

Todos os genes (*bla-IMP, bla-VIM, bla-KPC, bla-NDM* e *bla-OXA-48*) foram perfeitamente amplificados utilizando os respectivos primers forward (F) e reverse (R) pelo método PCR.

Tabela (4-2): Genótipos dos genes da carbapenemase detectados por PCR em isolados de *K. pnumoniae*.

O gene (deteção por PCR)	Número, (%)
bla-IMP	30 (37.5%)
bla-OXA48	29 (36.25%)
bla-VIM	23 (28.75%)
bla-KPC	16 (20%)
bla-NDM	9 (11.25%).
Qui-Quadrado $(\chi)^2$	14.822 **
Valor de p	0.0001
** (P<0.01).	

Os resultados revelaram que os genes mais prevalentes e significativamente elevados (P<0,01) foram o *bla-IMP* (37,5%), o *bla-OXA48* (36,2%) e *o bla-VIM* (28,75%), seguidos do *bla-KPC* (20%) e *do bla-NDM* (11,25%). A maioria dos isolados que albergam os genes da carbapenemase revelaram uma elevada resistência às cefalosporinas e aos carbapenemes.

Os beta-lactâmicos, incluindo os carbapenemes, são amplamente utilizados no tratamento de infecções bacterianas por bactérias Gram-negativas. Os carbapenemes, incluindo o imipenem e o meropenem, tornaram-se os medicamentos mais eficazes para o tratamento de infecções graves em doentes hospitalizados (Papp-Wallace *et al.*, 2011).

No entanto, a resistência a estes fármacos foi comunicada pelos investigadores em muitos casos, o que levou a uma maior atenção. *A K. pneumoniae* resistente aos carbapenemes, devido às reduzidas opções terapêuticas e à elevada taxa de mortalidade, coloca desafios significativos em termos de saúde pública a nível mundial (Neuner *et al.*, 2011). Muitos estudos fornecem uma forte evidência de que os genes *bla-IMP, bla-OXA48, bla-VIM, bla-KPC* e *bla-NDM* na *K. pneumoniae* são os genes responsáveis pela produção de carbapenemase e pela resistência aos carbapenemes (Awoke *et al.*, 2022; Hussein *et al.*, 2022).

No presente estudo, a avaliação da resistência aos carbapenemes pelo teste de difusão em disco mostrou que as taxas de resistência ao imipenem e ao meropenem foram de 62% e 50%, respetivamente. O estudo de Goudarzi *et al.* (2019) e o presente estudo mostraram que o *bla-VIM* foi o gene MBL mais prevalente entre os isolados clínicos de *A. baumannii*, não tendo sido observada qualquer amplificação do *bla-NDM*. A PCR multiplex em tempo real pode ser uma técnica sensível e fiável para a deteção rápida de genes de resistência em isolados clínicos.

Um dos estudos concluiu que os genes *VIM-1 e IMP-1* detetados por PCR foram 4 (26,7%) e 1 (6,7%), respetivamente, e apenas uma estirpe de *K. pneumoniae* foi considerada produtora de MBL entre os doentes em ambulatório, em contraste com os resultados deste estudo (Bahmani, 2019).

A enzima carbapenemase de *K. pneumoniae* (KPC) é a classe A de Ambler mais preocupante devido à sua localização em plasmídeos auto-conjugativos e à sua capacidade de transferir resistência entre Enterobacteriaceae. Esta enzima é capaz de hidrolisar penicilinas, cefalosporinas clássicas, monobactam e todos os carbapenemes, como imipenem, meropenem, ertapenem e doripenem, e é fracamente inibida pelo ácido clavulânico e pelo tazobactam (Bush, 2018).

As enzimas dos grupos *VIM, IMP* e *NDM* pertencem à classe B de Ambler e os seus genes estão localizados no plasmídeo. Estas enzimas não podem ser fisicamente ligadas ao substrato beta-lactâmico e, por conseguinte, escapam à ação dos inibidores da beta-lactamase, tais como o ácido clavulânico e o sulbactam, e são capazes de se ligar a todas as classes de betalactâmicos, exceto o monobactam (Bush e Bradford, 2019). A enzima bla-OXA-48, que se encontra no sexto grupo de enzimas OXA, é uma das enzimas mais importantes e comuns no desenvolvimento da resistência aos carbapenemes, e o seu gene encontra-se no plasmídeo (Pitout *et al.*, 2019).

As enterobacteriaceae resistentes aos carbapenemes foram frequentemente registadas na região Ásia-Pacífico. O gene da carbapenemase *do tipo OXA-48* foi o mais prevalente na Europa, no Mediterrâneo e no Norte de África (Van Duin e Doi, 2017). O gene da carbapenemase *OXA-48* surgiu e propagou-se no Sudeste Asiático, incluindo a Malásia (Low *et al.*, 2017), Singapura (Potron *et al.*, 2013), Brunei (Momin *et al.*, 2017), Tailândia (Lunha *et al.*,2016) e Vietname (Tada *et al.*,2013).

Entre as quarenta e cinco estirpes de CRKP investigadas, 75,5% apresentavam *blaOXA-48- like*. Embora as carbapenemases do tipo OXA-48 tenham uma fraca capacidade hidrolítica em relação ao carbapenem, pode ocorrer um elevado nível de resistência ao carbapenem quando combinado com outros mecanismos, como a perda de porina na membrana externa (Van Duin e Doi, 2017).

Os resultados não estavam de acordo com um estudo local realizado em pacientes hospitalizados em Bagdade, A deteção fenotípica de carbapenemases revelou que 55 eram estirpes *de K. pneumoniae* resistentes aos carbapenemes. O resultado mostrou que 37 (67,27%) estirpes eram positivas para o gene *blaNDM-1* e apenas 5 (9,1%) estirpes tinham o gene *bla-IMP* (Hussein, 2018). No Paquistão, um dos estudos indicou que 91 (77,8%) dos isolados de CRKP foram detetados como produtores de carbapenemase, e 55 (47%) foram positivos para *blaNDM-1*, 23,9% (n=28) para *blaOXA-48* (Gondal *et al.*, 2020).

Num estudo realizado no Brasil sobre a infeção por Klebsiella pneumoniae resistente aos carbapenemes, setenta e quatro (50,3%) isolados foram positivos para *bla-NDM* e oito (5,4%) para *bla-KPC* (Vivas *et al.*, 2020). Enquanto no hospital turco, o gene de carbapenemase mais comum detetado foi o *bla-OXA-48* (74,5%) e o gene *bla-NDM* foi detetado em 20 isolados (20,4%) (Ulu *et al.*, 2017). Por outro lado, num estudo realizado nos hospitais da zona sul (Asir), na Arábia Saudita, o principal tipo de carbapenemases foi o *blaOXA-48* com 81,5% (n=44) e parece atingir um nível endémico. *bla-NDM* foi a segunda carbapenemase mais frequente em 7,4% (n=4) dos isolados (Al-Zahrani e Alasiri, 2018).

4.9 PCR em tempo real multiplex com análise de fusão de alta resolução para deteção de genes

Este estudo desenvolveu e avaliou a PCR multiplex em tempo real com reacções HRM que permitiram detetar 5 alvos diferentes de resistência aos carbapenemes entre 80 *K. pneumoniae* isoladas de doentes com ITU e identificar os genes de carbapemase que incluíam (*bla-IMP, bla-VIM, bla-KPC, bla-OXA-48* e *bla-NDM*), para além do gene *16S rRNA* como controlo interno, como se mostra nas figuras (4-11; 4-12), em que todos os alvos foram amplificados com a maior eficiência e especificidade em condições óptimas. A RT-PCR multiplex melhorou a separação dos picos de fusão para a reação multiplex através do aumento do Tm.

O ensaio HRM mostrou que todos os iniciadores testados eram eficazes e que o valor Tm para cada gene estava suficientemente separado. Os ensaios multiplex HRM foram capazes de identificar *K. pneumoniae* através da deteção do gene housekeeping e também da deteção de genes resistentes.

Os resultados da RT-PCR com ensaio HRM do controlo positivo foram apresentados nas figuras (4-11) e (4-12), em que cada pico de fusão representa a amplificação de um dos seis genes. O pico de fusão ótimo para (*bla-IMP,bla-VIM,bla-KPC, bla-OXA-48,bla-NDM* e *16S rRNA* 81,1^{O} Q84,5^{O} C ,89,35^{O} Q81,7^{O} C , 86,1 °Qe 84,5%) respetivamente (Figuras 4-11 e 4-12).

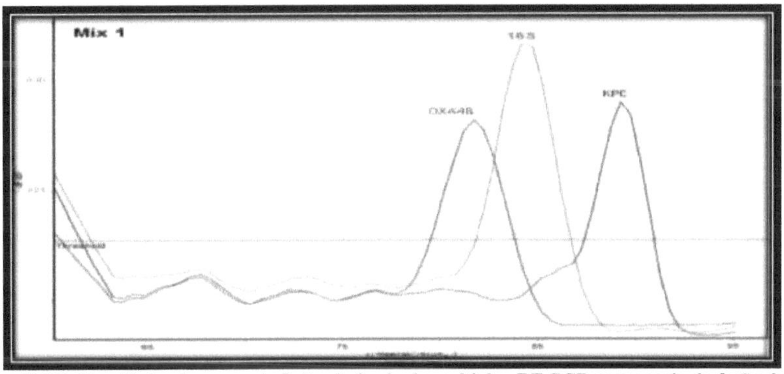

Figura (4-11): Resultados da curva de fusão derivada de multiplex RT-PCR com ensaio de fusão de alta resolução para a deteção de *K. pneumoniae* de genes de carbapenemase de controlo positivo (PC); *16S rRNA, bla-OXA 48* e *bla-KPC*, com os valores específicos de TM (84,5°C, 81,7^{O} C e 89,35°Q, respetivamente.

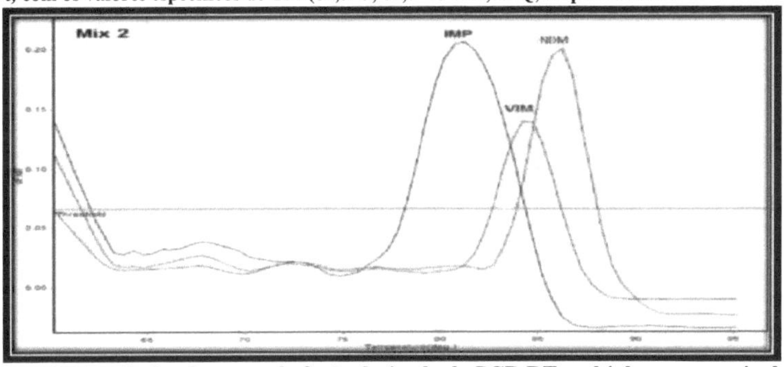

Figura (4-12): Resultados da curva de fusão derivada da PCR RT multiplex com ensaio de fusão de alta resolução para a deteção de *K. pneumoniae* dos genes carbapeneamse do controlo positivo (PC); *bla-IMP, bla-VIM* e *bla-NDM*, com os valores específicos de TM para (81,1%, 84,5% e 86,1%), respetivamente.

De acordo com o pico de fusão ótimo específico de cada gene detectado no controlo positivo, os resultados da deteção dos genes da carbapenemase de *K. pneumoniae* Figuras (4-13), (4-14), (4-15), (4-16) e (4-17) em todos os 80 isolados utilizando o ensaio HRM com RT-PCR multiplex em 2 painéis, cada painel incluía três genes.

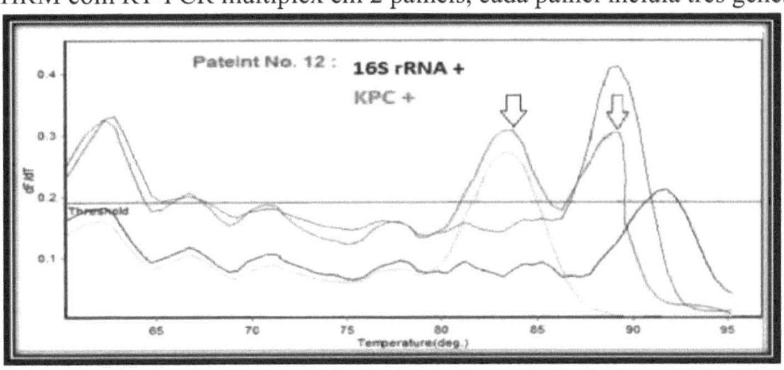

Figura (4-13): Resultados da curva de fusão derivada do ensaio de fusão multiplex RT PCR de

alta resolução para a deteção de *K. pneumoniae* dos genes carbapeneamse; *16S rRNA* e *bla-KPC*, para o isolado n.º 12.

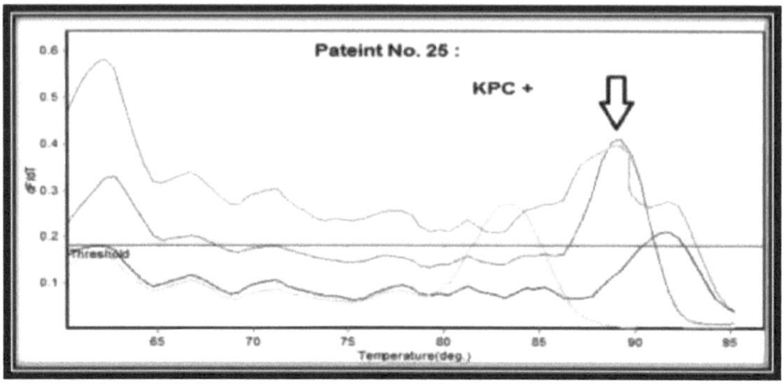

Figura (4-14): Resultados da curva de fusão derivada do ensaio de fusão multiplex RT PCR de alta resolução para a deteção de *k.pneumonia* do gene da carbapeneamse *bla-KPC* (89,35%) no isolado n.º 25

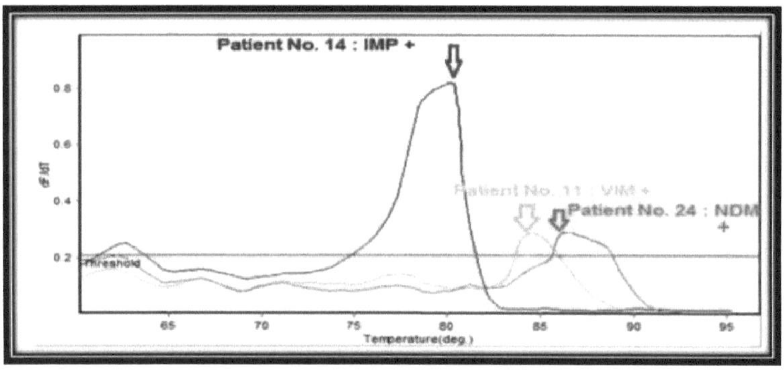

Figura (4-15): Resultados da curva de fusão derivada da PCR RT multiplex com ensaio de fusão de alta resolução para a deteção de *K. pneumoniae* dos genes de carbapeneamse *bla-IMP* ,*bla-VIM* e *bla-NDM* nos isolados n.º 14,11 e 24, respetivamente.

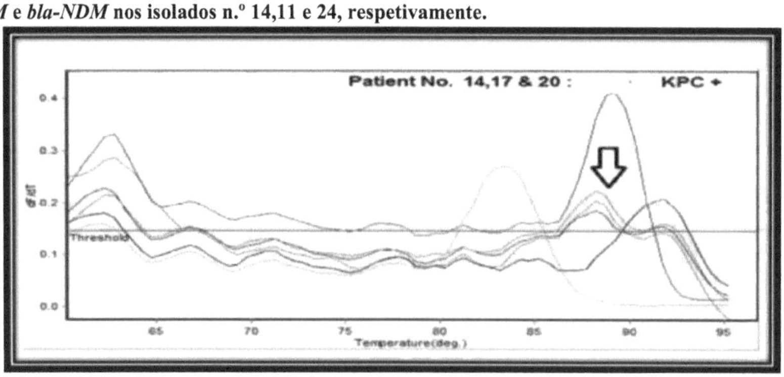

Figura (4-16): Resultados da curva de fusão derivada da PCR RT multiplex com ensaio de fusão

de alta resolução para a deteção do gene da carbapeneamse *bla-KPC de K. pneumoniae* nos isolados n.º 17,14 e 20.

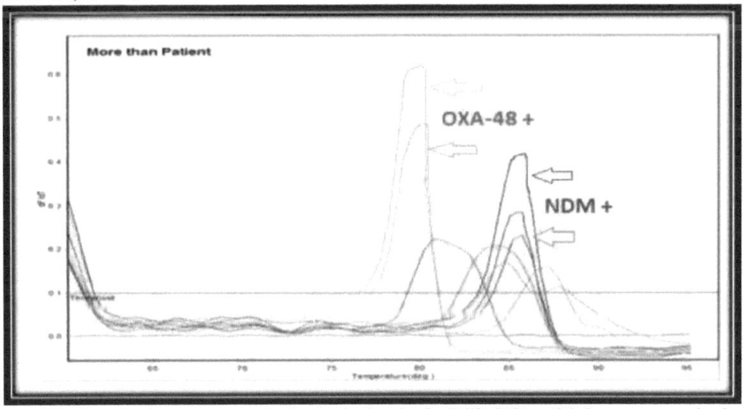

Figura (4-17): Resultados da curva de fusão derivada da PCR RT multiplex com ensaio de fusão de alta resolução para a deteção de genes de carbapeneamse de *K. pneumoniae* em diferentes amostras de doentes.

Os resultados do ensaio HRM demonstraram que os genes mais prevalecentes e com maior significado (P<0,01) foram o *bla-IMP* (38,75%), o *bla-OXA48* (36,25%) e *o bla-VIM* (32,5%), seguidos do *bla-KPC* (21,25%) e do *bla-NDM* (13,75%). A maioria dos isolados que albergam os genes da carbapenemase revelaram uma elevada resistência às cefalosporinas e aos carbapenemes.

Tabela (4-3): Frequência do gene carbapeneamse de *K. pneumoniae* isolado de pacientes com ITU por ensaio HRM.

Genes da carbapenemase	Número (%)
Controlo interno (*16s rRNA)*	80 (100%)
bla-IMP	31 (38.75%)
bla-OXA48	29 (36.25%)
bla-VIM	26 (32.5%)
bla-KPC	17 (21.25%)
bla-NDM	11 (13.75%)
Qui-Quadrado $(\chi)^2$	11.483 **
Valor de p	0.0001
** (P<0.01).	

Este é o primeiro ensaio utilizado para detetar genes de carbapenemases num ensaio de dois tubos ou num tubo de 2 painéis, permitindo a deteção simultânea de 5 dos mais importantes marcadores de resistência aos carbapenemes. O transporte de carbapenemases está a aumentar em todo o mundo e os portadores são tipicamente multirresistentes, o que limita as opções de tratamento e envolve frequentemente polimixinas ou tigeciclina (Yamamoto e Pop-Vicas, 2014).

Tal como os métodos de suscetibilidade existentes, este teste requer o isolamento do organismo a partir de uma amostra clínica antes de ser testado; no entanto, a extração de ADN e o ensaio HRM fornecem resultados em 3 horas, evitando a incubação adicional de um dia para o outro necessária para o teste fenotípico. Muitos estudos sugeriram técnicas moleculares para detetar e identificar genes de carbapenemases entre o vasto espetro de bactérias. No entanto, os métodos moleculares convencionais são muitas vezes demorados e dispendiosos devido à sua necessidade de análise pós-PCR (Geyer e Hanson, 2014; Goudarzi *et al.*,2019).

A capacidade de detetar simultaneamente marcadores de RAM permitiria a deteção da produção de CRE, que é difícil de detetar fenotipicamente e capaz de conferir resistência a uma gama mais vasta de antimicrobianos, incluindo combinações de inibidores/beta-lactâmicos, como a amoxicilina/ácido clavulânico (Kaur *et al.,* 2016). O rastreio de múltiplos genes desta forma é também útil para a vigilância e a monitorização de surtos e confere a este teste uma utilidade potencial como ferramenta epidemiológica (Edwards *et al.*, 2020).

O ensaio High Resolution Melting HRM surgiu como um método rápido e de baixo custo para a tipagem bacteriana, particularmente promissor para aplicações epidemiológicas (Tamburro e Ripabelli, 2017; Perini *et al.*, 2020). São necessárias ferramentas de diagnóstico molecular económicas para a deteção rápida da RAM, especialmente em países de rendimento médio-baixo. A utilização de uma ferramenta de diagnóstico como a HRM, que é acessível e onde vários alvos podem ser executados numa única análise, é uma opção para utilização na gestão de antimicrobianos, são necessárias ferramentas de diagnóstico molecular económicas para (Mitchev *et al.*, 2022).

A High Resolution Melting HRM é um procedimento numa única etapa para a discriminação de variantes de sequência com base na sua temperatura de fusão. Este método permite realizar a tipagem bacteriana em menos de cinco horas (Perini *et al.*, 2020). Bentaleb *et al.* (2017) e Otaguiri *et al.* (2018) demonstraram que os métodos baseados na HRMA têm um nível de sensibilidade melhorado quando comparados com a cultura e, por conseguinte, podem detetar níveis mais baixos de bactérias, pelo que a utilização de um método sensível e preciso como a HRMA e primers específicos poderia identificar estirpes como as estirpes produtoras de MBL e NDM.

De acordo com os nossos resultados, os primers com um comprimento curto apresentaram a melhor sensibilidade e especificidade no ensaio HRMA. Neste estudo, optimizámos o método HRMA para identificar genes de resistência a antibióticos. Utilizámos primers concebidos neste estudo. A conceção e a otimização dos valores de C + G nos primers concebidos proporcionam a sensibilidade e a especificidade do HRMA na identificação simultânea de genes de resistência a medicamentos (Tong e Giffard, 2012).

O estudo de Lau *et al.* (2020), que utilizou o ensaio HRM para a deteção do gene *blaOXA-48*, constatou que, entre as quarenta e cinco estirpes de CRKP investigadas, 75,5 % apresentavam *blaOXA-48-like*. Embora as carbapenemases do tipo OXA-48 tenham uma fraca capacidade hidrolítica em relação ao carbapenem, pode ocorrer um elevado nível de resistência ao carbapenem quando combinado com outros mecanismos (Oueslati *et al.*,2015).

4.10 Comparação dos métodos de deteção molecular (PCR e HRM)

Os dados e os resultados dos dois métodos moleculares (HRM-RT-PCR e PCR convencional) para a deteção dos genes da carbapenemase foram resumidos na tabela (4-4).

Tabela (4-4): Comparação de métodos moleculares para genes de carbapenemases (HRM e PCR) entre *K. pneumoniae* em pacientes com ITUs.

Gene da carbapenemase	Número (%) (PCR)	Número (%) (HRM)
bla-IMP	30 (37.5%)	31(38.75%)
bla-OXA48	29 (36.25%)	29(36.25%)
bla-VIM	23 (28.75%)	26 (32.5%)
bla-KPC	16 (20%)	17(21.25%)
bla-NDM	9 (11.25%)	11(13.75%)
Qui-Quadrado $(\chi)^2$	14.822 **	12.667 **
Valor de p	0.0001	0.010
** (P<0.01).		

A partir das conclusões anteriores, é óbvio que a técnica HRM é mais exacta, mais rápida e mais barata do que a técnica PCR, uma vez que lida com a TM específica de cada gene. Os valores de TM dos picos de fusão específicos são diferentes para cada gene: *bla-IMP* (81,1^{O} C), *bla-OXA* 48 (81,7^{O} C), *16S rRNA* (84,5^{O} C), *bla-VIM* (84,5^{O} C), *bla-NDM* (86,1 °C) e *bla-KPC* (89,3^{O} C), como se pode ver no controlo positivo.

A análise de fusão de alta resolução (HRM) tem sido utilizada para a deteção rápida de polimorfismos de nucleótidos em produtos de PCR com base na sua curva de fusão. Este método demonstrou ser sensível e específico (Reed e Wittwer, 2007). A utilização do ensaio HRM proporciona um método rápido de rastreio dos genes de resistência aos carbapenemes. Em contraste com a PCR ou a PCR em tempo real, a análise HRM é muito exacta e pode indicar se estão presentes mutações ou deleções no gene. Este ensaio é muito útil para determinar o risco de um potencial surto num ambiente hospitalar e é vantajoso para o laboratório clínico ter opções de escolha que melhor se adaptem ao funcionamento do laboratório individual (Geyer e Hanson , 2014).

Em geral, a análise HRM é menos fastidiosa e mais rápida em comparação com o método convencional de sequenciação por PCR. O procedimento mais simples e o menor número de passos podem reduzir significativamente a contaminação cruzada e o erro humano. No entanto, como a HRM utiliza iniciadores específicos que visam a região flanqueadora da região visada (normalmente menos de 250 pares de bases), pode não conseguir captar novas mutações que se situem fora das regiões visadas. (Lau *et al.*, 2020).

4.11 Concentrações inibitórias mínimas (CIM) de meropenem

As Concentrações Inibitórias Mínimas (CIM) para o antibiótico meropenem contra isolados de *K. pneumoniae* foram determinadas utilizando o método de microdiluição em caldo Mueller-Hinton e os resultados foram interpretados após 24 horas de incubação a 37 °C, de acordo com o Clinical Laboratories Standards Institute CLSI (2020), os resultados da CIM confirmaram os resultados anteriores do teste de difusão de antibióticos, em que o presente estudo mostrou o elevado nível de resistência da maioria dos isolados aos diferentes antibióticos utilizados, à exceção da colistina. Os resultados das Concentrações Inibitórias Mínimas (CIM) para o meropenem contra cinco isolados de *K. pneumoniae* (K2, K3, K5, K9 e K25) foram apresentados na figura (4-18) e na Tabela (4-5). Onde, o intervalo das CIMs foi de 0,48 a 62,5 g/ml.

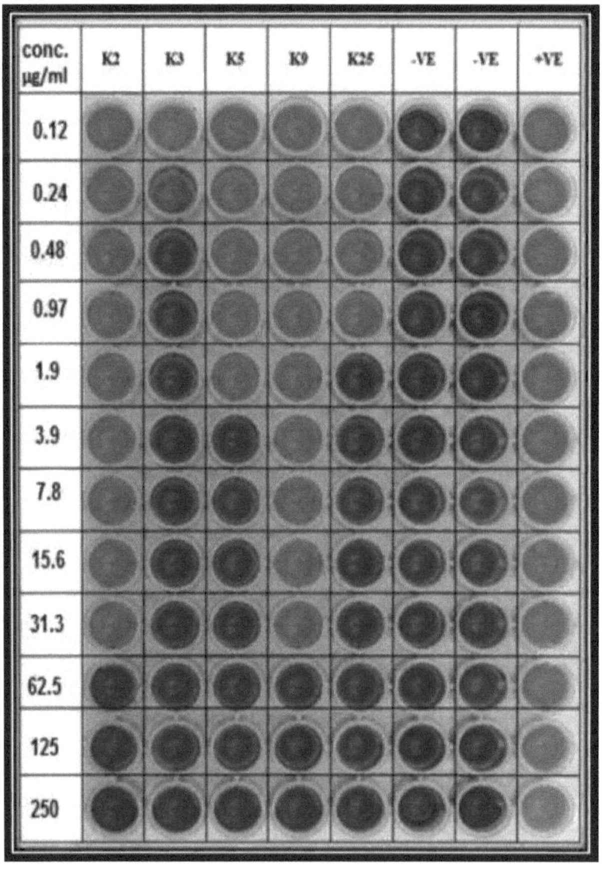

Figura (4-18): As concentrações inibitórias mínimas (CIM) de meropenem nas concentrações (250-0,12 iig/ml) contra isolados de *K. pneumoniae* por ensaio em placa de microtitulação com corante resazurina.

Tabela (4-5): As concentrações inibitórias mínimas de meropenem contra isolados *de K. pneumoniae* em concentrações (250-0,12 g/ml).

The isolated code	K2	K3	K5	K9	K25	_VE control	+VE control
250	-	-	-	-	-	-	+
125	-	-	-	-	-	-	+
62.5	-	-	-	-	-	-	+
31.3	+	-	-	+	-	-	+
15.6	+	-	-	+	-	-	+
7.8	+	-	-	+	-	-	+
3.9	+	-	-	+	-	-	+
1.9	+	-	+	+	-	-	+
0.97	+	-	+	+	+	-	+
0.48	+	-	+	+	+	-	+
0.24	+	+	+	+	+	-	+
0.12	+	+	+	+	+	-	+

4.12 Expressão génica dos genes *bla-IMP* e *bla-VIM*

A expressão dos genes *bla-IMP* e *bla-VIM* foi efectuada por PCR quantitativa em tempo real. O principal objetivo desta experiência foi avaliar o papel dos genes *bla-IMP* e *bla-VIM* na resistência aos carbapenemes entre os isolados *de K. pneumoniae*, pelo que foi realizada a expressão genética destes genes na presença do antibiótico Meropenem e na sua ausência.

A PCR quantitativa de transcrição reversa (RT-qPCR) distingue-se de outros métodos de expressão genética devido à exatidão, sensibilidade e rapidez dos resultados. O gene de manutenção da casa utilizado no presente estudo foi o *16S rRNA*, O objetivo da utilização deste gene em estudos moleculares é que a sua expressão permanece constante nas células ou tecidos sob investigação e em diferentes condições (Reboucas *et al.*, 2013).

A experiência da reação de PCR quantitativa foi realizada utilizando 5 isolados de *K. pneumonia* resistentes aos carbapenemes que possuem *bla-IMP* e *bla-VIM* em conjunto. Estes isolados foram selecionados com diferentes valores de subcIM para meropenem (0,12-250 g/ml). No presente estudo, o ensaio quantitativo de RT-PCR analisou a expressão do ARNm dos genes *bla-IMP* e *bla-VIM*, comparando as amostras tratadas e não tratadas do crescimento bacteriano com o antibiótico meropenem, utilizando a concentração abaixo da dose de Sub-MIC ou 1/2 MIC para cada amostra. Os valores Ct da amplificação dos genes foram registados a partir do software de RT-PCR quantitativo. O cálculo da alteração fold da expressão genética foi efectuado utilizando a quantificação relativa (RQ) a partir do valor Ct delta delta. Os resultados da expressão dos genes foram apresentados na Figura (4-19), na Tabela (4-6) e no apêndice (4,5).

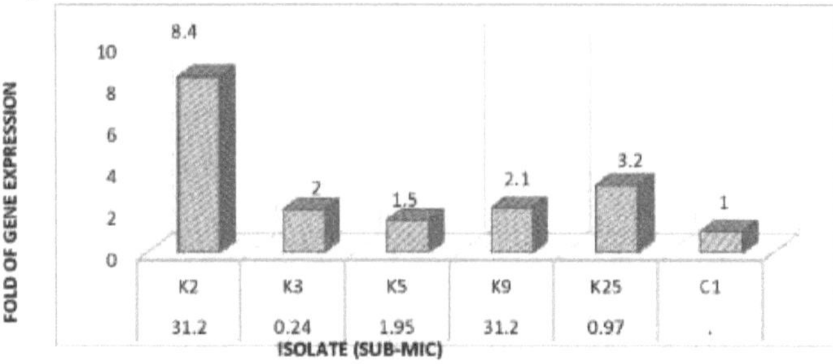

Figura (4-19): Dobra de expressão do gene *bla-IMP* em isolados de *K. pneumoniae resistentes a meropenem* em função do método AACt.

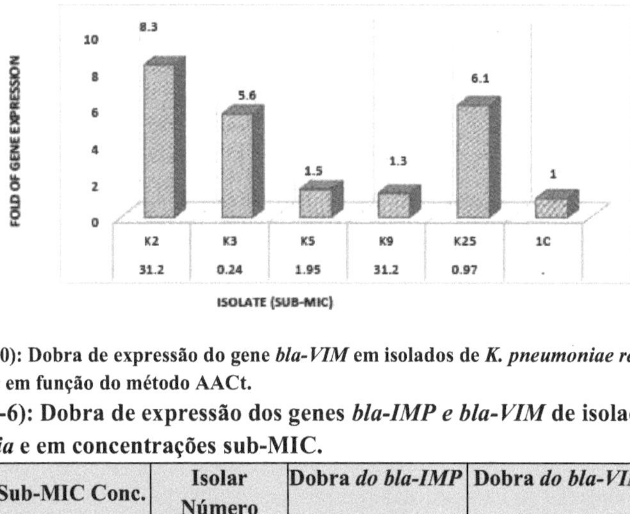

Figura (4-20): Dobra de expressão do gene *bla-VIM* em isolados de *K. pneumoniae resistentes a meropenem* em função do método AACt.

Tabela (4-6): Dobra de expressão dos genes *bla-IMP e bla-VIM* de isolados *de K. pneumonia* e em concentrações sub-MIC.

Sub-MIC Conc.	Isolar Número	Dobra *do bla-IMP*	Dobra *do bla-VIM*
31.2	K2	8.4 ±0.78	8.3 ±0.76
0.24	K3	2.0 ±0.17	5.6 ±0.41
1.95	K5	1.5 ±0.09	1.5 ±0.15
31.2	K9	2.1 ±0.15	1.3 ±0.08
0.97	K25	3.2 ±0.26	6.1 ±0.37
P-va	ue	0.0001 **	0.0001 **
** (P<0.01).			

A partir destes resultados, era óbvio que existia uma correlação entre as resistências ao meropenem em isolados de *K. pneumoniae* e a expressão genética dos dois genes *bla-IMP* e *bla-VIM*, o que indicava o papel da produção de carbapenemases na resistência aos antibióticos carbapenemes.

A expressão genética mais elevada para o gene *bla-IMP* foi registada no isolado local K2 com uma expressão de 8,4, seguida do isolado K25 com uma taxa de expressão genética de 3,2 e a expressão mais baixa para o isolado K5 foi de 1,5, como se mostra na figura (4-19) e no apêndice (4). Enquanto que a expressão do gene *bla-VIM* foi no isolado K2 com (8,3), seguido do isolado K25 com um fold de 6,1, enquanto que verificamos que a expressão mais baixa foi no isolado K9 com uma taxa de expressão génica de 1,3 como mostra a tabela (4-20) e o apêndice (5). Através do exposto, verificou-se que a expressão génica mais elevada para ambos os genes estudados se encontrava no isolado K2, o que se correlaciona com a elevada resistência deste isolado aos antibióticos.

A grande expressão de beta-lactamase de espetro alargado entre os bacilos gram-negativos devido ao aumento da utilização de carbapenemes, especialmente em UCI, o aumento da utilização de carbapenemes permite a expressão destes antibióticos devido à pressão selectiva (Rawat e Nair, 2010; Ghaima e Saadedin ,2016). A prevalência de *K. pneumoniae* produtora de carbapenemases nos hospitais está associada a um aumento da mortalidade entre os doentes com infeções multirresistentes (Tzouvelekis *et al.*, 2014). Os carbapenemes são frequentemente aplicados como tratamento de primeira linha para agentes patogénicos resistentes aos medicamentos, mas a frequência crescente de organismos produtores de KPC diminuiu a eficácia destes antibióticos (Ye *et al.*, 2018).

Este estudo é o primeiro relatório da expressão dos genes *bla-IMP* e *bla-VIM* de estirpes de *K. pneumoniae* dos Hospitais de Bagdade, Iraque. Os nossos resultados revelaram a elevada prevalência dos genes *IMP* e *VIM*, que codificam a resistência aos carbapenemes entre os isolados *de K. pneumoniae*. O nível de expressão dos genes *bla-IMP* e *bla-VIM* foi correlacionado com a resistência ao meropenem entre os isolados *de K. pneumoniae*. Bandari *et al.* (2019), no Irão, identificaram cento e oitenta e uma estirpes *de K. pneumoniae* recolhidas de doentes que se apresentaram no Hospital Firoozgar de Teerão, Irão. O nível de expressão dos genes *bla-KPC* e *bla-GES* foi medido por PCR em tempo real na presença e ausência de antibiótico ß-lactâmico. Os resultados deste estudo mostraram que os níveis de expressão de *bla-KPC* e *bla-GES* aumentaram nas estirpes resistentes na presença do antibiótico imipenem (Kitchel *et al.*, 2010).

Um dos estudos efectuados no Iraque sobre a expressão genética dos genes *bla-OXA* foi realizado utilizando o ensaio RT-PCR. Foram selecionados dez isolados que apresentavam uma elevada resistência ao Imipenem *Acinetobacter baumannii* com concentrações inibitórias mínimas (CIM) de 16 a >256 pg/ml e que também continham os dois genes *bla-OXA* 23 e 24. A presença de ambos os genes aumenta a resistência desta espécie ao Imipenem (Ghaima e Saadedin, 2016).

Com base nos resultados, a maioria dos antibióticos de largo espetro não conseguiu vencer *a K. pneumoniae* resistente aos carbapenemes e a elevada taxa de mortalidade dos doentes constitui uma preocupação significativa. O ensaio de PCR em tempo real pode reduzir o tempo de execução das medidas de controlo da infeção e a deteção de organismos produtores de carbapenemases. Globalmente, o método proposto neste estudo pode ser aplicado na implementação de uma estratégia sistemática eficaz para gerir doenças infecciosas e impedir a propagação de *K. pneumoniae* produtora de carbapenemase e KPC no Iraque.

Conclusões:

1. O presente estudo foi o primeiro estudo local para a deteção molecular de genes de carbapenemases (*bla-IMP, bla-VIM, bla-KPC, bla-NDM* e bla-OXA48) por PCR multiplex em tempo real com análise de fusão de alta resolução de acordo com o software Beacon designer.
2. Este estudo desenvolveu um RT-PCR multiplex com análise de fusão de alta resolução (HRM) para a deteção rápida e exacta de cinco genes de carbapenemases em isolados *de K. pneumoniae* resistentes aos carbapenemes, para além do gene de manutenção *16S rRNA*.
3. A colistina e a tigaciclina poderão ser os medicamentos de eleição para o tratamento da *K. pneumoniae* produtora de carbapenemases.
4. O gene *bla-IMP* foi o gene mais presente nos isolados locais de *K. pneumoniae* provenientes de doentes iraquianos com ITU. Verificou-se uma correlação entre as resistências ao meropenem nos isolados *de K. pneumoniae* e a expressão genética dos dois genes predominantes *bla-IMP* e *bla-VIM.*

Recomendações:

Com base nos resultados do presente estudo, após revisão da literatura e de muitos dos ensaios anteriores, podem ser sugeridas as seguintes recomendações:

1. Aconselha-se a deteção e a prevalência de outras classes de genes de beta-lactamases nos isolados locais de *K. pneumoniae* nos hospitais iraquianos.
2. Estudo dos outros mecanismos de resistência aos antibióticos e dos seus genes em isolados locais de *K. pneumoniae.*
3. Introduzir a análise de rotina de fusão de alta resolução (HRM) nos hospitais locais.
4. Aconselha-se a identificação de *K. pneumoniae* por fusão de alta resolução (HRM) através da deteção da presença de genes específicos, em contraste com os métodos convencionais.
5. Devem ser efectuados mais estudos para detetar os genes da carbapenemase nos isolados locais de bactérias nosocomiais.

Referências

Abdul-Zahraa, A.; Al-joofy, I.K. e Khelkal, I.N. (2019). Caracterização e atividade antibacteriana da microcina purificada produzida por *Klebsiella pneumoniae* (K15). *Jornal Internacional de Biociências,* 14(1):146-155.

Aboulmagd, E. e Alsultan, A. A . (2014). Atividade bactericida sinérgica de novas combinações de antibióticos contra *Pseudomonas aeruginosa* e *Acinetobacter baumannii* extremamente resistentes a medicamentos. *Jornal Africano de Investigação Microbiológica,* 8(9):856-861.

Aghamohammad, S.; Bad masti, F.; Solgi, H.; Aminzadeh, Z.; Khodabandelo, Z. e Shahcheraghi, F. (2020). Primeiro relatório de *Klebsiella pneumoniae* produtora de betalactamase de espetro alargado entre o transporte fecal no Irão: alta diversidade de parentesco clonal e perfis de factores de virulência. *Microbial Drug Resistance, 26*(3): 261-269.

Ahmed, H. J. e Ganjo, A. R. (2019). Deteção de *Klebsiella pneumoniae* e *Escherichia coli* produtoras de carbapenemase recuperadas de amostras clínicas na cidade de Erbil, região do Curdistão do Iraque. *Al-Mustansiriyah Journal of Science,* 30(2):10-18.

Ahmed, I.; Sajed, M.; Sultan, A.; Murtaza, I.; Yousaf, S.; Maqsood, B. e Anees, M. (2015). Os padrões erráticos de suscetibilidade aos antibióticos dos agentes patogénicos bacterianos que causam infecções do trato urinário. *Revista EXCLI, 14*: 916 -925.

Aktas, Z.; Satana, D.; Kayacan, C.; Ozbek, B.; Gurler, N.; Somer, A.; Salman, N. e Aydin, A.E. (2012). Resistência aos carbapenemes na Turquia: relatório repetido sobre OXA-48 em *Klebsiella pneumoniae* e primeiro relatório sobre
IMP-1 beta lactamsae em *Escherichia coli. Jornal Africano de Investigação em Microbiologia,* 6(17): 3874-3878.

Al Yousef, S. A.; Younis, S.; Farrag, E.; Moussa, H. S.; Bayoumi, F. S. e Ali, A. M. (2016) Perfil clínico e laboratorial das infecções do trato urinário associadas a Escherichia coli e *Klebsiella pneumoniae* produtoras de ß-lactamases de espetro alargado. *Anais de Ciências Clínicas e Laboratoriais, 46*(4): 393-400.

Alaali, Z. e Thani, A. S. B. (2020). Padrões de resistência antimicrobiana observados no Médio Oriente: Retrospectivas ambientais e de cuidados de saúde. *Science of The Total Environment, 740*: 140089.

Al-Awkally, N. A. M.; Ibrahim, H. K.; Ali, M. D.; Muthanna, F. M.; Al- Awkally, A. M. e Yousuf, A. (2022) Estudo do padrão de sensibilidade aos antibióticos na infeção do trato urinário. *Revista Internacional de Ciências da Saúde,* 6(S3): 8896-8913.

Albu, S.; Voidazan, S.; Bilca, D.; Badiu, M.; Trufa, A.; Ciorea, M. e Moldovan ,G.(2018) .Bacteriúria e infeção assintomática em pacientes crônicos com cateter urinário de demora: A incidência de bactérias ESBL. *Medicine,* 97(33): e11796.

Alfei, S. e Schito, A. M. (2020) Polímeros carregados positivamente como dispositivos promissores contra bactérias gram-negativas multirresistentes: A Review. *Polímeros*, *12* (5) : 1195.

Al-Hasnawi,H.H.(2020). Frequência de *Klebisella pneumoniae* resistente aos carbapenemes nos hospitais de Najaf e investigação da disseminação de Integron de classe 1 entre isolados. Tese de doutoramento. Faculdade de Medicina, Universidade AlKufa.

Alotaibi, F. (2019). Enterobacteriaceae resistentes a carbapenem: uma revisão narrativa actualizada da Arábia Saudita. *Jornal de Infeção e Saúde Pública,* 12(4): 465-471.

Al-Zahrani, A.J. e Akhtar, N. (2005) Padrões de suscetibilidade de *Escherichia coli* e *Klebsiella pneumoniae* produtoras de ß-Lactamase de espetro alargado (ESBL) isoladas num hospital universitário. *Pakistan Journal of Medical Research*, 44(2): 64-67.

Al-Zahrani, I. A. e Alasiri, B. A. (2018).O surgimento de isolados *de Klebsiella pneumoniae* resistentes a carbapenem que produzem *OXA-48 e NDM* na província do Sul (Asir), Arábia Saudita. *Saudi Medical Journal*, 39(1): 23-30.

Anuj, S. N.; Whiley, D. M.; Kidd, T. J.,; Ramsay, K. A.,; Bell, S. C.; Syrmis, M. W. e Sloots, T. P. (2011). Identificação rápida baseada em polimorfismo de nucleótido único de isolados clonais de *Pseudomonas aeruginosa* de doentes com fibrose quística através da utilização de PCR em tempo real e análise de curvas de fusão de alta resolução. *Microbiologia clínica e infeção*, *17*(9): 1403-1408.

Arancia, S.; Sandini, S.; De Bernardis, F. e Fortini, D. (2011) Identificação rápida, simples e de baixo custo de espécies de *Candida* utilizando análise de fusão de alta resolução. *Microbiologia de diagnóstico e doenças infecciosas*, *69*(3) : 283-285.

Armand-Lefevre, L.; Leflon-Guibout, V.; Bredin, J.; Barguellil, F.; Amor, A.; Pages, J. M. e Nicolas-Chanoine, M. H. (2003) .Imipenem resistance in *Salmonella* enterica serovar Wien related to porin loss and CMY-4 ß-lactamase production. *Antimicrobial Agents and Chemotherapy*, *47*(3):1165-1168.

Ashrafi, R.; Bruneaux, M.; Sundberg, L. R.; Pulkkinen, K. e Ketola, T. (2017) Aplicação do ensaio de fusão de alta resolução (HRM) para estudar a competição intraespecífica dependente da temperatura numa bactéria patogénica. *Relatórios científicos*, *7*(1): 1-8.

Assafi, M. S.; Ibrahim, N. M.; Hussein, N. R.; Taha, A. A. e Balatay, A. A. (2015). perfil bacteriano urinário e padrão de suscetibilidade a antibióticos entre pacientes com infeção do trato urinário na cidade de duhok, região do Curdistão, Iraque. *Revista Internacional de Ciências Puras e Aplicadas e Tecnologia*, *30*(2): 54-63.

Awoke, T.; Teka, B.; Aseffa, A.; Sebre, S.; Seman, A.; Yeshitela, B. e Mihret, A. (2022). Deteção de genes de carbapenemase *bla KPC* e *bla NDM* entre isolados *de Klebsiella pneumoniae* em Addis Abeba, Etiópia: Dominância de bla NDM. *Plos one*, *17*(4): e0267657.

Bah mani, N. (2019). Deteção de genes de metalo-ß-lactamase *VIM-1, VIM-2 e IMP-1* em *Klebsiella pneumoniae* isoladas de amostras clínicas em Sanandaj, Curdistão, oeste do Irão. *Iranian Journal of Microbiology*, *11* (3): 225-231.

Bandari, N. M.; Zargar, M.; Keyvani, H.; Talebi, M. e Zolfaghari, M. R. (2019). Resistência a antibióticos entre *Klebsiella pneumoniae*, deteção molecular e nível de expressão dos genes *blaKPC e blaGES* por PCR em tempo real. *Jundishapur Journal of Microbiology*, *12*(10): e93070.

Bedenic, B. e Mestrovic, T. (2021). Mecanismos de resistência em patógenos urinários Gram-negativos: De percepções moleculares específicas de cada país à relevância clínica global. *Diagnósticos*, *11* (5): 800.

Bedenic, B.; Plecko, V.; Sardelic, S.; Uzunovic, S. e Godic Torkar, K. (2014). Carbapenemases em bactérias gram-negativas: deteção laboratorial e significado clínico. *BioMed research international*, 2014 (841951): 1-3.

Bentaleb, E. M.; El Messaoudi, M. D.; Abid, M.; Messaoudi, M.; Yetisen, A. K.; Sefrioui, H. e Ait Benhassou, H. (2017). Análise de fusão de alta resolução baseada em plasmídeo para deteção precisa de mutações rpoB em isolados de *Mycobacterium tuberculosis* de pacientes marroquinos. *BMC Infectious Diseases*, *17*(1): 1-8.

Bente, D. A.; Forrester, N. L.;Watts, D. M.; McAuley, A. J.; Whitehouse, C. A.e Bray, M. (2013). Febre hemorrágica da Crimeia-Congo: história, epidemiologia, patogénese, síndrome clínica e diversidade genética. *Investigação antiviral*, 100(1) :159-189.

Bhamidimarri, S. P. (2017). Relação estrutura-função e transporte através de canais de membrana externa de Gram-negativos investigados por Eletrofisiologia , Tese de Doutorado. Universidade Jacobs de Bremen.

Bitew, A., Zena, N. e Abdeta, A. (2022). Perfil bacteriano e fúngico, padrões de suscetibilidade a antibióticos de agentes patogénicos bacterianos e factores de risco associados à infeção do trato urinário em doentes pediátricos sintomáticos que frequentam o St. Paul's Hospital Millennium Medical College: um estudo transversal. *Infection and drug resistance, 15*: 1613-1624.

Bleriot, I., Blasco, L., Delgado-Valverde, M., Gual de Torella, A., Ambroa, A., Fernandez-Garcia., *et al.* (2020). Mecanismos de tolerância e resistência à clorexidina em cepas clínicas de *Klebsiella pneumoniae* produtoras de carbapenemase: Papel do Novo Sistema de Toxina-Antitoxina de Tipo II, PemIK. Toxins, 12(9): 566.

Bodnar, G. C.; Martins, H. M.; De Oliveira, C. F.; Morey, A. T.; Tavares, E. R.; Cardoso, J. D. e Nakazato, G. (2016). Comparação da análise HRM e três métodos de impressão digital genômica REP-PCR para tipagem rápida de MRSA em um hospital brasileiro. *Jornal de Infeção em Países em Desenvolvimento*, *10*(12):1306-1317.

Bonfiglio, G.; Russo, G. e Nicoletti, G. (2002). Recent developments in carbapenems. *Parecer de peritos sobre medicamentos experimentais*, *11* (4): 529-544.

Bonomo, R. A. (2017). ß-Lactamases: um foco nos desafios atuais. *Cold Spring Harbor perspectives in medicine*, *7*(1): a025239.

Boren, K.; Crown, A. e Carlson, R. (2020). Resistência Multidrogas e Pan-Antibiótica - O Papel dos Óleos Essenciais Antimicrobianos e Sinérgicos: A Review.

Natural Product Communications, 15(10): 1934578X20962595.
Boyd, S. E.; Livermore, D. M.; Hooper, D. C. e Hope, W. W. (2020). Metallo-ß-lactamases: estrutura, função, epidemiologia, opções de tratamento e o pipeline de desenvolvimento. *Antimicrobial agents and chemotherapy*, *64* (10): e00397-20.
Bradford, P. A.; Bratu, S.; Urban, C.;Visalli, M.; Mariano, N.; Landman, D. eQuale, J. (2004). Emergência de espécies de *Klebsiella* resistentes aos carbapenemes que possuem as ß-lactamases *KPC-2* hidrolisante de carbapenemes de classe A e TEM-30 resistente a inibidores na cidade de Nova Iorque. *Clinical infectious diseases*, *39*(1): 55-60.
Braun, S. D.; Monecke, S.; Thuermer, A.; Ruppelt, A.; Makarewicz, O.; Pletz, M. e Ehricht, R. (2018). Identificação rápida de genes de carbapenemase em bactérias gram-negativas com um ensaio baseado em microarray de oligonucleotídeos. *PloS one*, *9* (7): e102232.
Brink, A.; Coetzee, J.; Clay, C.; Corcoran, C.; Greune, J.; Deetlefs, J. D.; Nutt, L.; Feldman, C.; Richards, G.; Nordmann, P. e Poirel, L .
(2012). A propagação de Enterobacteriaceae resistentes aos carbapenemes na África do Sul Bedénica: Factores de risco para aquisição e prevenção. *South African Medical* J., 102 (7): 599-601.
Budiarso, T. Y.; Amarantini, C. e Pakpahan, S. (2021). Identificação bioquímica e caraterização molecular de *Klebsiella pneumoniae* isolada de alimentos e bebidas de rua em Yogyakarta, Indonésia, usando o gene 16S rRNA: -. *Biodiversitas Journal of Biological Diversity*, *22*(12): 5452-5458.
Bush, K. (2013). Proliferação e significado de ß-lactamases clinicamente relevantes. *Anais da Academia de Ciências de Nova Iorque*, *1277*(1) :84- 90.
Bush, K. (2018). Perspectivas passadas e presentes sobre ß-lactamases. *Antimicrobial agents and chemotherapy*, *62*(10): e01076-18.
Bush, K. e Bradford, P. A. (2019). Interação entre ß-lactamases e novos inibidores de ß-lactamases. *Nature Reviews Microbiology, 17(5): 295306.*
Bush, K. e Bradford, P. A. (2020). Epidemiologia dos agentes patogénicos produtores de ß-lactamase. *Clinical Microbiology Reviews*, *33*(2): e00047-19.
Cabral, A.B.; Melo, R.A.; Maciel, M.V. e Souza Lopes, A.C. (2012). Genes de resistência a múltiplas drogas, incluindo *blaKPC* e *blaCTX-M-2*, entre *Klebsiella pneumoniae* isoladas em Recife, Brasil. Revistada Sociedade Brasileira de Medicina Tropical, 45(5):572-578.
Calhau, V.; Boaventura, L.; Ribeiro, G.; Mendonça, N. e da Silva, G. J. (2014). Caracterização molecular de *Klebsiella pneumoniae* isoladas de doentes transplantados renais: marcadores de virulência, ß-lactamases de espetro alargado e parentesco genético. *Microbiologia diagnóstica e doenças infecciosas*, *79*(3): 393-395.
Cannatelli, A.; Di Pilato, V.; Giani, T.; Arena, F.; Ambretti, S.; Gaibani, P. e Rossolini, G. M. (2014). A evolução in vivo para a resistência à colistina por mutação da quinase do sensor PmrB em *Klebsiella pneumoniae* produtora de KPC está associada ao tratamento com colistina de baixa dosagem. *Antimicrobial agents and*

chemotherapy, *58*(8):4399-4403.

Carattoli, A. (2013). Plasmídeos e a propagação da resistência. *Revista internacional de microbiologia médica*, *303*(6-7): 298-304.

Carattoli, A.; Seiffert, S. N.; Schwendener, S.; Perreten, V. e Endimiani, A. (2015). Diferenciação dos plasmídeos IncL e IncM associados à disseminação da resistência antimicrobiana clinicamente relevante. *PLoS One*, *10*(5): e0123063.

Carattoli, A.; Villa, L.; Poirel, L.; Bonnin, R. A. e Nordmann, P. (2012). Evolução dos plasmídeos portadores de IncA/C bla CMY-2 por aquisição do gene da carbapenemase bla NDM-1 carbapenemase. *Agentes antimicrobianos e quimioterapia*, *56*(2): 783-786.

Carmeli,Y.; Schwaber, M.J.; Klarfeld-Lidji, S.; Navon-Venezia, S.; Schwartz, D., e Leavitt, A. (2010). Preditores de aquisição de *Klebsiella pneumoniae* resistente a carbapenem entre adultos hospitalizados e efeito da aquisição na mortalidade. *Antimicrob Agents Chemother* , 52 (3):1028-1033.

Casey, G. (2012). Antibióticos e o aumento de superbactérias. *Kai Tiaki: Enfermagem da Nova Zelândia*, *18*(10): 20 -24.

Chan, W. W.; Peirano, G.; Smyth, D. J. e Pitout, J. D. (2014). As caraterísticas *de Klebsiella pneumoniae* que produzem KPC-2 importado da Grécia. *Microbiologia Diagnóstica e Doenças Infecciosas*, *75*(3): 317-319.

Chaudhri, N.; Masud, M.; Shehzad, M. N.; Kumar, J.; Qureshi, M. A. e Sarwar, N. (2020). Suscetibilidade a antibióticos e padrões de resistência em culturas de urina - uma experiência de centro único. *Jornal da Faculdade de Medicina de Rawalpindi*, *24*(1):74-79.

Cheong, H. S.; Chung, D. R.; Park, M.; Kim, S. H.; Ko, K. S.; Ha, Y. E. e Song, J. H. (2017). Emergência de uma estirpe de *Klebsiella pneumoniae* ST23 produtora de ß-lactamase de espetro alargado do serótipo K1 de países asiáticos. Epidemiologia e Infeção,145(5): 990-994.

Chitnis, A. S.; Caruthers, P. S.; Rao, A. K.; Lamb, J.; Lurvey, R.; De Rochars, V. B. e Wise, M. E. (2012). Surto de Enterobacteriaceae resistentes aos carbapenemes num hospital de cuidados agudos de longa duração: reduções sustentadas da transmissão através de vigilância ativa e intervenções orientadas. *Controlo de Infecções e Epidemiologia Hospitalar*, 33(10): 984992.

Cilloniz, C.; Dominedo, C.; Pericas, J. M.; Rodriguez-Hurtado, D. e Torres, A. (2020). Pneumonia adquirida na comunidade em pacientes muito idosos gravemente enfermos: um problema crescente. European Respiratory Review*: um jornal oficial da European Respiratory Society*, 29(155):190126.

Clegg, S. e Murphy, C. N. (2017). Epidemiologia e virulência de *Klebsiella pneumoniae*. *Infecções do trato urinário: Patogénese molecular e gestão clínica*, 4(1): 435-457.

CLSI. (2020). Normas de desempenho para testes de suscetibilidade antimicrobiana. 30ª ed. Suplemento do CLSI. M100.

Codjoe, F. S. e Donkor, E. S. (2017). Resistência ao carbapenem: uma revisão.

Ciências Médicas, *6*(1): 1-28.

Coetzee, J. e f Brink, A. (2011). A emergência de resistência aos carbapenemes em Enterobacteriaceae na África do Sul. *Jornal de Epidemiologia e Infeção da África Austral*, *26*(4): 239-240.

Coque, T.M ; Novais, A. e Carattoli, A. (2010). Disseminação de estirpes de Escherichia coli clonalmente relacionadas que expressam a betalactamase de espetro alargado CTX-M-15. Doenças Infecciosas Emergentes, 14(1):195-200.

Crabbe, A.; Jensen, P. 0.; Bjarnsholt, T. e Coenye, T. (2019). Tolerância antimicrobiana e adaptações metabólicas em biofilmes microbianos. Tendências em microbiologia, 27(10): 850-863.

Cui, X.; Zhang, H. e Du, H. (2019). Carbapenemases em Enterobacteriaceae: deteção e terapia antimicrobiana. *Fronteiras em microbiologia*, 10: 1823.

Dallenne, C.; Da Costa, A.; Decré, D.; Favier, C. e Arlet, G. (2010). Desenvolvimento de um conjunto de ensaios de PCR multiplex para a deteção de genes que codificam ß-lactamases importantes em Enterobacteriaceae. *Journal of Antimicrobial Chemotherapy*, 65(3):490-495.

Davarci, İ.; Çenbayrak, S.; Aksaray, S.; Koçoglu, M. E.; Kuskucu, M. A. e Samasti, M. (2019). Epidemiologia molecular de isolados *de klebsiella pneumoniae* resistentes a carbapenem. *Clínica da Anatólia, o Jornal de Ciências Médicas,* 24 (1): 1-7.

de Man, T. J.; Yaffee, A. Q.; Zhu, W.; Batra, D.; Alyanak, E.; Rowe, L. A. e Limbago, B. M. (2021). Surto multiespécie de bactérias multirresistentes produtoras de metalo-ß-lactamase codificadas pelo integrão verona, impulsionado por um plasmídeo promíscuo do grupo de incompatibilidade A / C2. *Clinical Infectious Diseases*, *72*(3):414-420.

Dehbashi, S.; Tahmasebi, H.; Sedighi, P.; Davarian, F.e Arabestani, M. R. (2020). Desenvolvimento de análise de curva de fusão de alta resolução na deteção rápida do gene vanA, *Enterococcus faecalis* e *Enterococcus faecium* a partir de isolados clínicos. *Medicina tropical e saúde*, *48*(1): 1-12.

Dhingra, S.; Rahman, N. A. A.; Peile, E.; Rahman, M.; Sartelli, M.;
Hassali, M. A. e Haque, M. (2020). Microbial resistance movements: an overview of global public health threats posed by antimicrobial resistance, and how best to counter. *Frontiers in Public Health*, *8*:535668.

Diebold, P. J.; New, F. N.; Hovan, M.; Satlin, M. J.e Brito, I. L. (2021). Vinculação de beta-lactamases baseadas em plasmídeo a seus hospedeiros bacterianos usando PCR de fusão de célula única. *Elife*, *10* : e66834.

Djahmi, N.; Dunyach-Remy, C.; Pantel, A.; Dekhil, M.; Sotto, A. e Lavigne, J. P. (2014). Epidemiologia de Enterobacteriaceae produtoras de carbapenemase e Acinetobacter baumannii em países mediterrânicos. *BioMed research international*, 2014: 305784.

Doesschate, T.; van der Vaart, T. W.; Damen, J. A. A.; Bonten, M. J. e van Werkhoven, C. H. (2020). Estratégias alternativas ao carbapenem para infecções complicadas do trato urinário: uma revisão sistemática de ensaios clínicos randomizados. *Journal of Infection*, 81(4):499-509.

Doi, Y. e Paterson, D. L. (2015). Enterobacteriaceae produtoras de carbapenemases. Em *Seminários em medicina respiratória e de cuidados intensivos*, 36(1): 74-84.

Edwards, T.; Williams, C.; Teethaisong, Y.; Sealey, J.; Sasaki, S.; Hobbs, G. e Adams, E. R. (2020). Um ensaio de curva de fusão altamente multiplexado para detetar os genes mais prevalentes de carbapenemase, ESBL e AmpC. *Microbiologia de Diagnóstico e Doenças Infecciosas*, 97(4): 115076.

Effah, C. Y.; Sun, T., Liu, S. e Wu, Y. (2020). *Klebsiella pneumoniae*: uma ameaça crescente para a saúde pública. *Anais de microbiologia clínica e antimicrobianos*, 19(1): 1-9.

El Bouamri, M. C.; Arsalane, L.; El Kamouni, Y.e Zouhair, S. (2015). Suscetibilidade antimicrobiana da *Klebsiella pneumoniae* urinária e a emergência de estirpes resistentes aos carbapenemes: Um estudo retrospetivo de um hospital universitário em Marrocos, no Norte de África. *Jornal Africano de Urologia*, 21(1): 36-40.

El Nekidy, W. S.; Mooty, M. Y.; Attallah, N.; Cardona, L.; Bonilla, M. F. e Ghazi, I. M. (2017). Tratamento bem-sucedido de *Klebsiella pneumoniae* multirresistente usando regime duplo de carbapenem em paciente imunocomprometido. *IDCases*, 9: 53-55.

Elshamy, A. A. e Aboshanab, K. M. (2020). Uma revisão sobre a resistência bacteriana aos carbapenemes: epidemiologia, deteção e opções de tratamento. *Ciência do Futuro OA*, 6(3): FSO438.

Elshamy, A. A.; Saleh, S. E.; Alshahrani, M. Y.; Aboshanab, K. M.; Aboulwafa, M. M. e Hassouna, N. A. (2021). Plasmídeos transferíveis codificadores de carbapenemase OXA-48 de *Klebsiella pneumoniae* recuperados de pacientes egípcios que sofrem de infecções complicadas do trato urinário. *Biologia*, 10(9): 889.

Erali, M.; Voelkerding, K. V. e Wittwer, C. T. (2008). Aplicações de fusão de alta resolução para medicina laboratorial clínica. *Experimental and molecular pathology*, 85(1):50-58.

Feng, W.; Zhou, D.; Wang, Q.; Luo, W.; Zhang, D.; Sun, Q. e Xia, P. (2016). Disseminação de plasmídeos pIMP-HZ1 relacionados com a codificação IMP-4 entre *Klebsiella pneumoniae e Pseudomonas aeruginosa* num hospital universitário chinês. *Scientific Reports*, 6(1): 1-7.

Ferreira, R. L.; Da Silva, B. C.; Rezende, G. S.; Nakamura-Silva, R., Pitondo-Silva, A.;Campanini, E. B. e Pranchevicius, M. C. D. S. (2019). Alta prevalência de *Klebsiella pneumoniae* multirresistente abrigando vários genes de virulência e codificadores de ß-lactamase em uma unidade de terapia intensiva brasileira. *Frontiers in microbiology*, 9: 3198.

Filius, P. M. G.; Van Netten, D.; Roovers, P. J. E.; Vulto, A. G.; Gyssens, I. C.; Verbrugh, H. A., *et al.* (2003). Comparative evaluation of three chromogenic agars for detection and rapid identification of aerobic Gram-negative bacteria in the normal intestinal microflora. Clinical Microbiology and Infection, 9(9): 912-918.

Fiore, M.; Di Franco, S.; Alfieri, A.; Passavanti, M. B.; Pace, M. C.; Petrou, S. e Leone, S. (2020). Peritonite bacteriana espontânea devido a Enterobacteriaceae produtora de carbapenemase: Etiologia e tratamento com antibióticos. *Jornal Mundial de Hepatologia*, 12(12): 1136-1146.

Fodah, R. A.; Scott, J. B.; Tam, H. H.; Yan, P.; Pfeffer, T. L.; Bundschuh, R. e Warawa, J. M. (2014). Correlação de análises genéticas comparativas *de Klebsiella pneumoniae* com perfis de virulência em um modelo de doença respiratória murina. *PloS one*, 9(9): e107394.

Fortini, D.; Ciammaruconi, A.; De Santis, R.; Fasanella, A.; Battisti, A.; D'Amelio, R. e Carattoli, A. (2007). Otimização da análise de fusão de alta resolução para o rastreio rápido e de baixo custo de variantes alélicas de *Bacillus anthracis* através da análise de repetições em tandem de número variável de múltiplos locus. *Química clínica*, 53(7): 1377-1380.

Fraia, A. S.; Brocco, S. e Quaia, E. (2021). Lesões inflamatórias do fígado. Em Imagem do Fígado e do Trato Biliar Intra-hepático .*Radiologia Médica. Springer, Cham,* 2: 49-65.

Franklin, C.; Liolios, L. e Peleg, A. Y. (2006). Phenotypic detection of carbapenem-susceptible metallo-ß-lactamase-producing gram-negative bacilli in the clinical laboratory. *Journal of clinical microbiology*, 44(9): 3139-3144.

Gazin, M.; Paasch, F.; Goossens, H. e Malhotra-Kumar, S. (2012). Tendências atuais na deteção molecular e baseada em cultura de espetro estendido-ß-lactamase-harboring e resistentes aos carbapenemes Enterobacteriaceae. *Jornal de microbiologia clínica*, 50(4): 1140-1146.

Geyer, C. N. e Hanson, N. D. (2014). Análise de fusão multiplex de alta resolução como ferramenta de diagnóstico para a deteção de genes de ß-lactamase AmpC mediados por plasmídeos. *Jornal de microbiologia clínica*, 52(4): 1262-1265.

Ghaima, K. K.; Saadedin, S. M. K. e Jassim, K. A. (2016). Prevalência de genes de carbapenemase do tipo BIaOXA em *Acinetobacter baumannii* resistente a múltiplos medicamentos isolados de queimaduras e feridas em hospitais de Bagdá. Research Journal of *pharmaceutical biological and chemical sciences*,7(3):1247-1254.

Gondal, A. J., Saleem, S., Jahan, S., Choudhry, N., e Yasmin, N. (2020). Nova *Klebsiella pneumoniae* ST147 resistente a carbapenem que coarboriza blaNDM-1, blaOXA-48 e ß-lactamases de espetro alargado do Paquistão. *Infection and Drug Resistance*, 13: 2105.

Gori, A.; Cerboneschi, M., e Tegli, S. (2012). Análise de fusão de alta resolução como uma ferramenta poderosa para discriminar e genotipar *Pseudomonas* savastanoipathovars e cepas. *PLoS One*,7(1): e30199.

Goudarzi, H.; Mirsamadi, E. S.; Ghalavand, Z.; Hakemi Vala, M.; Mirjalali, H. e Hashemi, A. (2019). Deteção rápida e pesquisa molecular dos genes *blaVIM, blaIMP e blaNDM* entre isolados clínicos de *Acinetobacter baumannii* usando nova PCR multiplex em tempo real e análise da curva de fusão. *BMC microbiology*,19(1):1-7.

Grundmann, H.; Glasner, C. Albiger, B.; Aanensen, D. M.; Tomlinson, C. T.; Andrasevic, A. T. e Brown, D. J. (2017). Ocorrência de *Klebsiella pneumoniae* e Escherichia coli produtoras de carbapenemase na pesquisa europeia de Enterobacteriaceae produtoras de carbapenemase (EuSCAPE): um estudo prospetivo e multinacional. *The Lancet infectious diseases*, 17(2):153-163.

Gupta, N.; Limbago, B. M.; Patel, J. B. e Kallen, A. J. (2011). Enterobacteriaceae resistentes aos carbapenemes *Enterobacteriaceae resistentes a carbapenem*: epidemiologia e prevenção. *Doenças infecciosas clínicas*, 53(1): 60-67.

Hammoudi Halat, D. e Ayoub Moubareck, C. (2020). O atual fardo das carbapenemases: Revisão de propriedades significativas e disseminação entre bactérias gram-negativas. *Antibiotics*, 9(4): 186.

Hanne, L. F., & Finkelstein, R. A. (1982). Caracterização e distribuição das hemaglutininas produzidas por *Vibrio cholerae. Infeção e imunidade* ,36(1): 209-214.

Haque, M. (2019). Antibiotic Use, Antibiotic Resistance, and Antibiotic Stewardship-A Global Public Consequences [Uso de antibióticos, resistência a antibióticos e administração de antibióticos - consequências públicas globais]. *Bangladesh Journal of Medical Science*, 18(2): 169-170.

Hasan, T. H.; Shlash, S.; Jasim, S.; Hussein, E. F.; Alasedi, K. K. e Aljanaby, A. A. (2021). A epidemiologia de *Klebsiella Pneumoniae* : Uma revisão. *Anais da Sociedade Romena de Biologia Celular*, 25(4): 8848-8860.

Hawkey, P. M. e Livermore, D. M. (2012). Antibióticos carbapenem para infecções graves. *BMJ* , 344(311): e3236- e3236.

Hu, D.; Xi-wei X.; Wen-qi, S.; Ping, L. e Sangjie, Y. (2015). Caracterização de isolados de *Klebsiella pneumoniae* multirresistentes e produtores de metalo ß-lactamase de uma clínica pediátrica na China. *Jornal Médico Chinês*, 121(17):1611-1616.

Hu, Y.; Anes, J.; Devineau, S. e Fanning, S. (2021). *Klebsiella pneumoniae*: prevalência, reservatórios, resistência antimicrobiana, patogenicidade e infeção: uma bactéria zoonótica até agora não reconhecida. *Foodborne Pathogens and Disease,* 18(2): 63-84.

Hussain, J.M. (2017).Prevalência de ISEcpl entre *Klebsiella pneumoniae* produtora de ESßLs na cidade de Bagdade. Tese de Mestrado. Faculdade de Ciências, Universidade Al-Mustansiriyah.

Hussein, N. H. (2018). Emergência de NDM-1 entre *Klebsiella pneumoniae* resistente a carbapenem em hospitais iraquianos. *Ata Microbiologica et Immunologica Hungarica,* 65(2): 211-227.

Hussein, N. H.; Hussein AL-Kakei, S. N. e Taha, B. M. (2022). A predominância do gene *da Klebsiella pneumoniae* carbapenemase (tipo KPC) entre os isolados *de Klebsiella pneumoniae* resistentes a carbapenem de alto nível em Bagdade, Iraque. *Molecular Biology Reports*, 49 (6): 1-6.

Iredell, J.; Brown, J. e Tagg, K. (2016). Resistência a antibióticos em

Enterobacteriaceae: mecanismos e implicações clínicas. *BMJ (Clinical research ed.)*, 2015(*352)* : h6420.

Jacoby, G.A. (2009). AmpC beta-lactamases. *Clinical Microbiology Reviews*, 22(1):161-182.

Jafari-Sales, **A.; Soleimani, H. e Moradi, L. (2020).** Padrão de resistência a antibióticos em estirpes *de Klebsiella pneumoniae* isoladas de crianças com infecções do trato urinário de hospitais de Tabriz. *Biotecnologia da Saúde e Biofarmacêutica*, 4(1): 38-45.

Jao, Y. T.; Wang, W. H.; Wang, A.; Siu, L. K. e Lu, P. L. (2017). Primeiro relatório de *Escherichia coli* produtora de carbapenemase OXA-48 *em* Taiwan. *Jornal de microbiologia, imunologia e infeção = Wei mian yu gan ran za zhi*, *50*(3): 403-404.

Jazayeri Moghadas, A.; Kalantari, F.; Sarfi, M.; Shahhoseini, S. e Mirkalantari, S. (2018). Avaliação de fatores de virulência e padrões de resistência a antibióticos em isolados clínicos de urina de *Klebsiella pneumoniae* em Semnan, Irã. *Jundishapur Journal of Microbiology*, 11(7): e63637.

Jean, S. S.; Chang, Y. C.; Lin, W. C.; Lee, W. S.; Hsueh, P. R. e Hsu, C. W. (2020). Epidemiologia, tratamento e prevenção da pneumonia bacteriana nosocomial. *Journal of Clinical Medicine*, 9(1): 275.

Jeng, K.; Yang, S.; Won, H.; Gaydos, H.; Hsieh, YH.; Kecojevic, A.; Carroll, K.; Hardick, J., e Rothman, R. (2012). Aplicação de um ensaio de análise de fusão de alta resolução por PCR de 16S rRNA para deteção rápida de bacteremia *por Salmonella*. *Jornal de Microbiologia Clínica*, 50 (3):1122-1124.

Jeon, J.; Lee, J.; Lee, J.; Park, K.; Karim, A.; Lee, C e Lee, S. (2015). Base estrutural para mecanismos de hidrólise de carbapenemases que conferem resistência a antibióticos. *Revista Internacional de Ciências Moleculares*, 16(5): 9654-9692.

Jin, D.; Luo, Y.; Zhang, Z.; Fang, W.; Ye, J.; Wu, F. e Ding, G. (2012). Identificação molecular rápida de espécies de Listeria através da utilização de PCR em tempo real e análise de fusão de alta resolução. *Cartas de microbiologia FEMS*, *330*(1): 72-80.

John, A. S.; Mboto, C. I. e Agbo, B. (2016). Uma revisão sobre a prevalência e os factores predisponentes responsáveis pela infeção do trato urinário em adultos. *Jornal Europeu de Biologia Experimental*,*6*(4):7-11.

Jones, L. S.; Toleman, M. A.; Weeks, J. L.; Howe, R. A.; Walsh, T. R. e Kumarasamy, K. K. (2014). Transporte de plasmídeo de blaNDM-1 em isolados clínicos *de Acinetobacter baumannii* da Índia. *Agentes antimicrobianos e quimioterapia*, *58*(7): 4211-4213.

Jones-Dias, D.; Manageiro, V.; Ferreira, E.; Louro, D. e Caniça, M. (2014). Diversidade de ß-lactamases AmpC de espetro alargado e mediadas por plasmídeos em Enterobacteriaceae isoladas de unidades de saúde portuguesas. *Journal of Microbiology*, *52*(6): 496-503.

Kamal, F.; Williams, G.; Akbar, H.; Khan, M. A. Kadaria, D. (2017). Abscesso hepático *de Klebsiella pneumoniae*: relato de caso e revisão da literatura. *Cureus*, *9*

(1): e970.

Kapoor, G.; Saigal, S. e Elongavan, A. (2017). Mecanismos de ação e resistência dos antibióticos: Um guia para clínicos. *Journal of Anaesthesiology, Clinical Pharmacology,* 33(3): 300.

Karam, G.; Chastre, J.; Wilcox, M. H. e Vincent, J. L. (2016). Estratégias antibióticas na era da multirresistência. *Critical Care*, 20(1): 1-9.

Karam, M. R. A.; Habibi, M. e Bouzari, S. (2019). Infeção do trato urinário: Patogenicidade, resistência a antibióticos e desenvolvimento de vacinas eficazes contra *Escherichia coli* uropatogénica. *Imunologia molecular*, 108: 56-67.

Kaur, J.;Mahajan, G. e Chand, K. (2016). Melhorar a deteção fenotípica de ESBL em co-produtores de AmpC usando cefepima e tazobactam. *Jornal de Investigação Clínica e de Diagnóstico: JCDR, 10* (1): DC05-DC8.

Keller, L. J. e Glauser, J. (2020). Atualizações e desenvolvimentos recentes da infeção do trato urinário. Relatórios actuais de medicina hospitalar e de emergência, 8(2):41-44.

Khalid, H.; Yousif, S. e Jubrael, J. (2017). Caracterização bacteriológica e molecular de beta-lactamases de espetro alargado em isolados clínicos de *Klebsiella pneumoniae* isolados da região do Curdistão, Iraque. *Science Journal of University of Zakho,* 1(1): 158-163.

Khan, A. U.; Maryam, L. e Zarrilli, R. (2017). Estrutura, genética e disseminação mundial da metalo-ß-lactamase de Nova Deli (NDM): uma ameaça à saúde pública. *BMC microbiology*, *17*(1): 1-12.

Khasheii, B.; Mahmoodi, P. e Mohammadzadeh, A. (2021). Sideróforos: importância na patogênese bacteriana e aplicações na medicina e na indústria. *Microbiological Research*, *250*: 126790.

Khosravi, A. D.; Hoveizavi, H.e Mehdinejad, M. (2013). Prevalência de genes que codificam *Klebsiella pneumoniae* para as enzimas beta-lactamases de espetro alargado (ESBL) CTX-M-1, TEM-1 e SHV-1 em amostras clínicas. *Jundishapur Journal of Microbiology*, *6*(10): e8256.

Khosravi, Y.; Loke, M. F.; Chua, E. G.; Tay, S. T. e Vadivelu, J. (2012). Deteção fenotípica de metalo-ß-lactamase em *Pseudomonas aeruginosa* resistente a imipenem. *Revista Científica Mundial*, *2012*: 654939.

Kitchel, B.; Rasheed, J. K.; Endimiani, A.; Hujer, A. M.;Anderson, K. F.; Bonomo, R. A.e Patel, J. B. (2010). Factores genéticos associados à elevada resistência aos carbapenemes em *Klebsiella pneumoniae* produtora de KPC. *Antimicrobial agents and chemotherapy,* 54(10):4201- 4207.

Kumar, M. S.; Ghosh, S.; Nayak, S.e Das, A. P. (2016). Avanços recentes no diagnóstico baseado em biossensores da infeção do trato urinário. *Biosensores e Bioelectrónica*, *80*: 497-510.

Lai, K.; Ma, Y.; Guo, L.; An, J.; Ye, L. e Yang, J. (2017). Caracterização molecular de isolados clínicos *de Klebsiella pneumoniae* produtores de IMP de um hospital terciário chinês. *Anais de Microbiologia Clínica e Antimicrobianos*, *16*(1):1-5.

Landolt, P.; Stephan, R. e Scherrer, S. (2019). Desenvolvimento de um novo ensaio de fusão de alta resolução (HRM) para identificação e diferenciação de amostras do complexo *Mycobacterium tuberculosis*. *Relatórios científicos*, *9*(1): 1-8.

Lau, M. Y.; Abdul Jabar, K.; Chua, K. H.; Kee, B. P.; Ponnampalavanar, S. S. L. S.; Chong, C. W. e Teh, C. S. J. (2020). Deteção diferencial de uma etapa de variantes semelhantes a OXA-48 usando análise de fusão de alta resolução (HRM). *Antibióticos*, 9(5): 256.

Lee B, C. ;Cho, I.; Jeong, B. e Lee, S. (2013A). Estratégias para minimizar a resistência aos antibióticos. *Revista Internacional de Investigação Ambiental e Saúde Pública,* 10(9):4274-4305.

Lee, D. S.; Choe, H. S.; Kim, H. Y.; Yoo, J. M.; Bae, W. J.; Cho, Y. H. e Lee, S. J. (2016). Papel da idade e do sexo na determinação da resistência aos antibióticos em infecções febris do trato urinário. *Jornal Internacional de Doenças Infecciosas*, 51: 89-96.

Levison, M. E. e Kaye, D. (2013). Tratamento de infecções complicadas do trato urinário com ênfase em uropatógenos gram-negativos resistentes a medicamentos. *Relatórios actuais sobre doenças infecciosas*, 15(2):109-115.

Li, X.; Fan, H.; Zi, H.; Hu, H.;Li, B.;Huang, J. e Zeng, X. (2022). Carga global e regional de resistência antimicrobiana bacteriana em infecções do trato urinário em 2019. *Jornal de Medicina Clínica*, 11(10): 2817.

Lima, L. M.; da Silva, B. N. M.; Barbosa, G. Barreiro, E. J. (2020). Antibióticos ß-**lactâmicos**: An overview from a medicinal chemistry perspective. *Jornal Europeu de Química Medicinal*, 208:112829.

Lin, J. C.; Koh, T. H., Lee; N., Fung; C. P., Chang; F. Y., Tsai; Y. K. e Siu, L. K. (2014). Genótipos e virulência no sorotipo K2 *Klebsiella pneumoniae* de abscesso hepático e portadores não infecciosos em Hong Kong, Singapura e Taiwan. *Gut Pathogens*, 6(1):1-7.

Liu, W.; Lu, H.; Chu, X.; Lou, T.; Zhang, N.; Zhang, B.andChu, W. (2020). Os polifenóis do chá inibem a formação de biofilme, atenuam a virulência controlada pelo sensor de quorum e aumentam a resistência à infeção por *Klebsiella pneumoniae* no modelo Caenorhabditis elegans. *Patogénese Microbiana*, 147:104266.

Livermore, D. M. (2008). Definição de um espetro alargado ß-lactamase. *Clinical Microbiology and Infection Diseases* ,14(1):3-10.

Low, Y. M.; Yap, P. S. X.; Abdul Jabar, K.; Ponnampalavanar, S.; Karunakaran, R.; Velayuthan, R. e Teh, C. S. J. (2017). O surgimento de *Klebsiella pneumoniae* resistente a carbapenem na Malásia: correlação entre tendências microbiológicas com caraterísticas do hospedeiro e fatores clínicos. *Resistência Antimicrobiana e Controlo de Infecções*, *6*(1): 113.

Lunha, K.; Chanawong, A.; Lulitanond, A.; Wilailuckana, C.; Charoensri, N., Wonglakorn, L. e Chetchotisakd, P. (2016). *Klebsiella pneumoniae produtora de* OXA-48 resistente a carbapenem de alto nível com uma nova variante OmpK36 e Escherichia coli produtora de *OXA-181* de baixo nível, resistente a carbapenem, sem deficiência de porina, da Tailândia. *Diagnostic microbiology and infectious disease*, 85(2): 221226.

Luthje, P. e Brauner, A. (2016). Novas estratégias na prevenção e tratamento de infecções do trato urinário. *Patogénios*,5(1): 13.

MacArthur, N. S. e Jakobsche, C. E. (2017). 6-Hidroxinorleucina: Sínteses e aplicações de um bloco de construção versátil. *Preparações e Procedimentos Orgânicos Internacionais*, *49*(6):480-513.

Magill, S. S.; Edwards, J. R.; Bamberg, W.; Beldavs, Z. G.; Dumyati, G.; Kainer, M. A. e Fridkin, S. K. (2014). Inquérito de prevalência pontual multiestado de infecções associadas aos cuidados de saúde. *New England Journal of Medicine*, *370*(13):1198-1208.

Magliano, E.; Grazioli, V.; Deflorio, L.; Leuci, A. I.; Mattina, R.; Romano, P. e Cocuzza, C.E. (2012). Etiologia dependente do sexo e da idade das infecções do trato urinário adquiridas na comunidade. *A revista científica mundial*, *2012*: 349597.

Maramraj, K. K.; Ml, K. L.; Dikid, T.; Choudhary, S.; Reddy, S.; Jain, S. K. e Singh, S. K. (2020). Um surto de infecções agudas da pele e dos tecidos moles, incluindo fasceíte necrosante na aldeia de Kalwala, Índia, 2018: Implicações de saúde pública para o programa de eliminação da filariose linfática. *Transacções da Sociedade Real de Medicina Tropical e Higiene*, 114(10):742-750.

Matsumura, Y.; Peirano, G.; Motyl, M. R.; Adams, M. D.; Chen, L.; Kreiswirth, B. e Pitout, J. D. (2017). Epidemiologia molecular global de Enterobacteriaceae *produtoras de IMP*. *Antimicrobial agents and chemotherapy*, *61* (4):e02729-16.

Meletis, G. (2016). Resistência aos carbapenemes:. visão geral do problema e perspectivas futuras. *Avanços terapêuticos em doenças infecciosas*,*3*(1):15- 21.

Meletis, G.; Exindari, M.; Vavatsi, N.; Sofianou, D.e Diza, E. (2012). Mecanismos responsáveis pela emergência de resistência aos carbapenemes em *Pseudomonas aeruginosa*. *Hippokratia*, *16*(4):303.

Minardi, D.; d'Anzeo, G.; Canforo, D.; Conti, A. e Muzzonigro, G. (2011). Infecções do trato urinário nas mulheres: etiologia e opções de tratamento. *Revista internacional de medicina geral*, *4*: 333.

Mitchell, S. L.; Wolff, B. J.; Thacker, W. L.; Ciembor, P. G.; Gregory, C. R.; Everett, K. D. e Winchell, J. M. (2009). Genotipagem de *Chlamydophila psittaci* por PCR em tempo real e análise de fusão de alta resolução. *Journal of clinical microbiology*, 47(1):175-181.

Mitchev, N.; Singh, R.; Ramsuran, V.; Ismail, A.; Allam, M.; Kwenda, S. e Mlisana, K. P. (2022). Análise de Fusão de Alta Resolução para Detetar Determinantes de Resistência Antimicrobiana em Isolados Clínicos e Espécimes de *Neisseria gonorrhoeae* da África do Sul. *Jornal Internacional de Microbiologia,* 2022: 9094328.

Mohammed, H. H.: Saadi, A. T. e Yaseen, N. A. (2020). Deteção de resistência a antibióticos Carbapenem em *Klebsiella Pneumonia* na cidade de Duhok / região do Curdistão / Iraque. *DuhokMedical Journal*,14(1):28-43.

Motse, D. F. K.; Ngaba, G. P.; Foko, L. P. K.; Ebongue, C. O. e Adiogo, D. D. (2019). Perfil etiológico e padrão de sensibilidade dos germes responsáveis pela infeção do trato urinário entre crianças menores de cinco anos em Douala, Camarões: um estudo baseado em hospital. *Avicenna Journal of Clinical Microbiology and Infection*, 6(2): 49-56.

Munita, J. M. e Arias, C. A. (2016). Mecanismos de resistência a antibióticos. Mecanismos de virulência de agentes patogénicos bacterianos. *Microbiology spectrum*, *4* (2): 4-2.

Munoz-Price, L. S.; Poirel, L.; Bonomo, R. A.; Schwaber, M. J.; Daikos, G. L., Cormican, M. e Quinn, J. P. (2013). Epidemiologia clínica da expansão global das carbapenemases de *Klebsiella pneumoniae*. *The Lancet infectious diseases*, 13(9): 785-796.

Naas, T.;Oueslati, S.;Bonnin, R. A.; Dabos, M. L.; Zavala, A.; Dortet, L. e Iorga, B. I. (2017). Banco de dados de beta-lactamase (BLDB) - estrutura e função. *Jornal de inibição enzimática e química medicinal*, 32(1):917-919.

Nation, R. L.; Li, J.; Cars, O.; Couet, W.; Dudley, M. N.; Kaye, K. S., Mouton, J. W. e *et al.* (2015). Quadro para a otimização da utilização clínica da colistina e da polimixina B: o consenso da polimixina de Prato. The Lancet Infectious Diseases,15(2):225-234.

Navon-Venezia, S.; Kondratyeva, K.e Carattoli, A. (2017). *Klebsiella pneumonia*: uma importante fonte mundial e lançador de resistência a antibióticos. *Revisões de microbiologia FEMS*, 41(3): 252-275.

Neethu, S.; Midhun, S. J.; Radhakrishnan, E. K. e Jyothis, M. (2018). Nanopartículas de prata sintetizadas em verde pelo fungo endofítico marinho Penicillium polonicum e sua eficácia antibacteriana contra a formação de biofilme, *Acinetobacter baumanii* resistente a vários medicamentos. *Microbial pathogenesis* ,116: 263-272.

Neuner, E. A.; Yeh, J. Y.; Hall, G. S.; Sekeres, J.; Endimiani, A.; Bonomo, R. A. e van Duin, D. (2011). Tratamento e resultados em infecções da corrente sanguínea *por Klebsiella pneumoniae* resistentes aos carbapenemes. *Microbiologia de diagnóstico e doenças infecciosas*, 69(4): 357362.

Neyestanaki, D.K.; Mansouri, S. e Shokoohi, M. (2014). Caracterização dos tipos de ß-lactamases AmpC, CTX-M e MBLs em isolados clínicos de *Klebsiella pneumoniae* e *Escherichia coli* que produzem ß-lactamases de espetro alargado em Kerman, Irão. Jundishapur *J. Microbiology*, 7(2):31-36.

Nirwati, H.; Sinanjung, K.; Fahrunissa, F.; Wijaya, F.;Napitupulu, S.; Hati, V. P. e Nuryastuti, T. (2019). Formação de biofilme e resistência a antibióticos de *Klebsiella pneumoniae* isolada de amostras clínicas em um hospital de cuidados terciários, Klaten, Indonésia. *Em BMC BioMed Central proceedings* ,13(11): 1-8.

Nordmann, E.; Küepper-Tetzel, C. E.; Robson, L.; Phillipson, S.; Lipan, G. I. e Mcgeorge, P. (2020). Captura de palestras: Recomendações práticas para estudantes e instrutores. *Bolsa de estudos de ensino e aprendizagem em psicologia*. 2332-2101.

Nordmann, P. e Poirel, L. (2019). Epidemiologia e diagnóstico da resistência aos carbapenemes em bactérias gram-negativas. *Doenças Infecciosas Clínicas*, 69(7): S521-S528.

Nordmann, P., Naas, T. e Poirel, L. (2011). Global spread of carbapenemase-producing Enterobacteriaceae. *Doenças infecciosas emergentes*, 17(10):1791-1798.

Nordmann, P.; Cuzon, G. e Naas, T. (2009). A verdadeira ameaça das bactérias produtoras de carbapenemases *Klebsiella pneumoniae*. The Lancet Infectious Diseases, 9(4): 228-236.

Nordmann, P.; Cuzon, G. e Naas, T. (2009). A verdadeira ameaça das bactérias produtoras de carbapenemases *Klebsiella pneumoniae*. *The Lancet infectious diseases*, 9(4): 228-236.

Nordmann, P.; Dortet, L. e Poirel, L. (2012). Resistência aos carbapenemes em Enterobacteriaceae: aqui está a tempestade! *Tendências em medicina molecular*, 18(5): 263-272.

Nucleo, E.; Spalla, M.; Piazza, A.; Caltagirone, M. S.; Asticcioli, S.; Debiaggi, M. e Migliavacca, R. (2013). Emergência de um clone *de Klebsiella pneumoniae* produtor de *VIM-1 MBL* e *CTX-M-15* ESßL de hospitais agudos e de reabilitação em Itália. *New Microbiologica*, 36(3): 279282.

Odell, I.; Cloud, J.; Seipp, M.; e Wittwer, C. (2005). Identificação rápida de espécies dentro do grupo *Mycobacterium* chelonae-abscessus por análise de fusão de alta resolução de produtos de PCR hsp65. *Revista americana de patologia clínica*, 123 (1): 96-101.

Ohadi, E.; Khoramrooz, S. S.; Kalani, B. S.; Mirzaii, M.; Pouriran, R., Nasrabadi; M. R. B. e Darban-Sarokhalil, D. (2019). Avaliação da análise de fusão de alta resolução para tipagem de spa de isolados *de Staphylococcus aureus* resistentes e suscetíveis à meticilina. *Novos micróbios e novas infecções*, *32*: 100618.

O'Hara, J. A.; McGann, P.;Snesrud, E. C.; Clifford, R. J.; Waterman, P. E.; Lesho, E. P. e Doi, Y. (2013). Nova 16S rRNA metiltransferase RmtH produzida por *Klebsiella pneumoniae* associada a trauma relacionado à guerra. *Agentes antimicrobianos e quimioterapia*, 57(5): 2413-2416.

Ohikhena, F. U., Wintola, O. A., & Afolayan, A. J. (2017). Avaliação das propriedades antibacterianas e antifúngicas de Phragmanthera capitata (Sprengel) Balle (Loranthaceae), um visco que cresce na seringueira, usando as técnicas de diluição. *Revista Científica Mundial*, 2017: 9658598.

Otaguiri, E. S.; Morguette, A. E. B.; Morey, A. T.; Tavares, E. R.; Kerbauy, G.; de Almeida Torres, R. S. e Yamada-Ogatta, S. F.
(2018). Desenvolvimento de um ensaio de PCR em tempo real multiplex baseado em curva de fusão para a deteção simultânea de *Streptococcus agalactiae* e genes que codificam a resistência a macrólidos e lincosamidas. *BMC pregnancy and childbirth*, 18(1): 1-11.

Oueslati, S.; Nordmann, P. e Poirel, L. (2015). Caraterísticas hidrolíticas heterogéneas para ß-lactamases do tipo OXA-48. *Journal of Antimicrobial*

Chemotherapy, 70(4): 1059-1063.

Paczosa, M. K. e Mecsas, J. (2016). *Klebsiella pneumoniae* : indo para o ataque com uma defesa forte. *Revisões de microbiologia e biologia molecular*, 80(3): 629-661.

Pal, M. e Lema, A. G. (2022). Perceção atual sobre os factores de virulência da *Yersinia Enterocolitica*: A Critical Review. *American Journal of Infectious Diseases*, 10(1): 7-10.

Paltansing, S.; Kraakman, M. E. M.; Ras, J. M. C.; Wessels, E.e Bernards, A. T. (2013). A caraterização dos mecanismos de resistência a fluoroquinolonas e cefalosporinas em Enterobacteriaceae isoladas num hospital universitário holandês revela a presença de um clone *de Escherichia coli* ST131 com uma mutação específica em parE. *Journal of Antimicrobial Chemotherapy*, 68(1): 40-45.

Palzkill, T. (2013). Estrutura e função da metalo-ß-lactamase. *Anais da Academia de Ciências de Nova Iorque*, 1277(1): 91-104.

Papp-Wallace, K. M. (2019). Os últimos avanços nas combinações de inibidores de ß-lactama / ß-lactamase para o tratamento de infecções bacterianas Gram-negativas. *Opinião de especialistas em farmacoterapia*, 20(17): 2169-2184.

Papp-Wallace, K. M.; Endimiani, A.; Taracila, M. A.e Bonomo, R. A. (2011). Carbapenems: passado, presente e futuro. *Antimicrobial agents and chemotherapy*, 55(11): 4943-4960.

Partridge, S. R.; Kwong, S. M.; Firth, N. e Jensen, S. O. (2018). Elementos genéticos móveis associados à resistência antimicrobiana. *Revisões de microbiologia clínica*, *31* (4): e00088-17.

Paterson, D. L.e Bonomo, R. A. (2005). ß-lactamases de espetro alargado: uma atualização clínica. *Clinical microbiology reviews*, 18(4): 657-686.

Peirano, G.; Pitout, J. D.; Laupland, K. B.; Meatherall, B. e Gregson, D. B. (2013). Vigilância de base populacional para *pneumonia por Klebsiella* hipermucoviscosidade causando bacteremia adquirida na comunidade em Calgary, Alberta. *Jornal Canadiano de Doenças Infecciosas e Microbiologia Médica*, 24(3): e61-e64.

Perini, M.; Piazza, A.; Panelli, S.; Di Carlo, D.; Corbella, M.; Gona, F. e Comandatore, F. (2020). EasyPrimer: ferramenta fácil de usar para design de primers pan-PCR / HRM. Desenvolvimento de um protocolo HRM no gene wzi para tipagem rápida de Klebsiella pneumoniae. *Relatórios científicos*, 10(1): 1307

Petrosillo, N.; Taglietti, F. e Granata, G. (2019). Opções de tratamento para *Klebsiella pneumoniae* resistente à colistina: presente e futuro. *Jornal de Medicina Clínica*, 8(7): 934.

Pincus, D. H. (2006). Identificação microbiana utilizando o sistema bioMérieux Vitek® 2. Encyclopedia of Rapid Microbiological Methods. Bethesda, MD: Parenteral Drug Association, 1-32.

Piperaki, E. T.; Syrogiannopoulos, G. A.; Tzouvelekis, L. S.e Daikos, G. L. (2017). *Klebsiella pneumoniae*: virulência, biofilme e resistência antimicrobiana. *A revista Pediatric infectious disease journal*, 36(10): 1002-1005.

Pitout, J. D.; Nordmann, P.; Laupland, K. B. e Poirel, L. (2005). Emergência de Enterobacteriaceae produtoras de ß-lactamases de espetro alargado (ESBLs) na comunidade. *Journal of antimicrobial chemotherapy*, 56(1): 52-59.

Pitout, J. D.; Peirano, G.; Kock, M. M.; Strydom, K. A. e Matsumura, Y. (2019). A ascendência global de *tipo* OXA-48 carbapenemases. *Clinical microbiology reviews*, 33(1): e00102-19.

Pitout, J.D; Nordmann, P. e Laupland, K.B. (2015). Emergência de Enterobacteriaceae produtoras de beta-lactamases de espetro alargado (ESBLs) na comunidade. *Journal Antimicrob Chemother*,56(1):52-59.

Poirel, L.; Abdelaziz, M. O.; Bernabeu, S. e Nordmann, P.(2013). Ocorrência de Enterobacteriaceae produtoras de carbapenemases OXA-48 e VIM-1 no Egito. *Revista internacional de agentes antimicrobianos*, 41(1): 90-91.

Poirel, L.; Benouda, A.; Hays, C. e Nordmann, P. (2011). Emergência de *Klebsiella pneumoniae* produtora de NDM-1 em Marrocos. *Journal of Antimicrobial Chemotherapy*, 66(12): 2781-2783.

Poirel, L.; Potron, A. e f Nordmann, P. (2012). Carbapenemases do tipo OXA-48: a ameaça fantasma. *Journal of Antimicrobial Chemotherapy*, 67(7):1597-1606.

Poirel; L.; Walsh; T. R.; Cuvillier; V. e Nordmann; P. (2011). PCR multiplex para a deteção de genes de carbapenemases adquiridas. *Microbiologia de diagnóstico e doenças infecciosas*, 70(1): 119-123.

Pokra, M.; Sharma, D. K.; Mehta, P.; Verma, H. R.; Pundir, S.; Rana, J.e Kulmi, D. (2016). O seu alarmante, *Klebsiella* spp. em direção à multirresistência. Revista Internacional de Microbiologia Atual e Ciências Aplicadas, 5(6): 150-160.

Polse, R. F.;Qarani, S. M.; Assafi, M. S.;Sabaly, N e Ali, F. (2020). Incidência e sensibilidade a antibióticos de *Klebsiella pneumonia* isolada de pacientes com infeção do trato urinário no hospital de emergência Zakho / Iraque. *Jornal de Educação e Ciência*, 29(3): 257-268.

Pornprasert, S.; Phusua, A.; Suanta, S.; Saetung, R. e Sanguansermsri, T. (2008). Deteção do tipo alfa-talassemia-1 do Sudeste Asiático utilizando gap-PCR em tempo real com SYBR Green1 e análise de fusão de alta resolução. *Revista Europeia de Hematologia*, 80(6): 510-514.

Potron, A.; Kalpoe, J.; Poirel, L. e Nordmann, P. (2011). Disseminação europeia de um único clone *de Klebsiella pneumoniae* produtor de OXA-48. *Microbiologia Clínica e Infeção*, 17(12): E24-E26.

Price, E. P.; Smith, H.; Huygens, F. e Giffard, P. M. (2007). Análise da curva de fusão do ADN de alta resolução do locus de repetições curtas palindrómicas agrupadas e regularmente espaçadas de Campylobacter jejuni. *Applied and Environmental Microbiology*, 73(10): 3431-3436.

Profeta, R.; Seyffert, N.; Tiwari, S.; Viana, M. V.; Jaiswal, A. K.; Caetano, A. C. e Castro, T. L. (2021). A genômica comparativa com um isolado de *Klebsiella pneumoniae* multirresistente revela o panorama da diversidade inexplorada no Nordeste do Brasil. *Gene,* 772: 145386.

Qin, X.; Zerr, D. M.; Weissman, S. J.; Englund, J. A.; Denno, D. M.; Klein, E. J. e Galanakis, E. (2008). Prevalência e mecanismos de resistência aos ß-lactâmicos de largo espetro em Enterobacteriaceae: a experiência de um hospital pediátrico . *Agentes antimicrobianos e chemotherapy*, 52(11):3909-3914.

Queenan, A. M. e Bush, K. (2007). Carbapenemases: as versáteis ß-lactamases. *Clinical microbiology reviews*, 20(3):440-458.

Queenan, A.M.; Shang, W.; Flamm, R. e Bush, K. (2010). Perfis de hidrólise e inibição de ß-lactamases das classes moleculares A a D com doripenem, imipenem e meropenem. *Antimicrobial agents and chemotherapy*, 54(1):565-569.

Rahman, M.; Prasad, K. N.; Gupta, S.; Singh, S.; Singh, A.; Pathak, A. e Gonzalez-Zorn, B. (2018). Prevalência e caraterização molecular de metalo-beta-lactamases de Nova Deli em *Pseudomonas aeruginosa* multirresistente e *Acinetobacter baumannii* da Índia. *Microbial Drug Resistance*, 24(6):792-798.

Rawat , D. e Nair, D. (2010). Extended-spectrum ß-lactamases in Gram Negative Bacteria (ß-lactamases de espetro alargado em bactérias Gram negativas). *Jornal de doenças infecciosas globais,* 2(3): 263-274. **Rebouças, E. D. L.; Costa, J. J. D. N.; Passos, M. J.; Passos, J. R. D. S.; Hurk, R. V. D. e Silva, J. R. V. (2013).** PCR em tempo real e importância de genes housekeeping para normalização e quantificação da expressão de mRNA em diferentes tecidos. *Arquivos Brasileiros de Biologia e Tecnologia,* 56(1): 143-154.

Reed, G. H.; Kent, J. O. e Wittwer, C. T. (2007). High-resolution DNA melting analysis for simple and efficient molecular diagnostics (Análise de fusão do ADN de alta resolução para um diagnóstico molecular simples e eficiente). *Pharmacogenomics*, 8(6): 597-608.

Reischl, U. (2006). A fusão do gene do ARN ribossómico revela a identidade das espécies bacterianas: um passo em direção a um novo teste rápido em microbiologia clínica. *Química Clínica*, 52(11):1985-1987.

Rice, L. B. (2008). Financiamento federal para o estudo da resistência antimicrobiana em agentes patogénicos nosocomiais: não ao ESKAPE. *The Journal of infectious diseases*, 197(8): 1079-1081.

Roca, I.; Mosqueda, N.; Altun, B.; Espinal, P.; Ako va, M. e Vila, J. (2014). Caracterização molecular de *Acinetobacter pittii* produtora de NDM-1 isolada da Turquia em 2006. *Journal of Antimicrobial Chemotherapy*, 69(12): 3437-3438.

Rodrigues, C.; d'Humières, C.; Papin, G.; Passet, V.; Ruppé, E.e Brisse, S. (2020). Infeção adquirida na comunidade causada pela linhagem incomum hipervirulenta *de Klebsiella pneumoniae* ST66-K2. *Microbial genomics*, 6(8): mgen000419.

Rodríguez-Martínez, J. M.; Díaz de Alba, P.; Briales, A.; Machuca, J.; Lossa, M.; Fernández-Cuenca, F. e Pascual, Á. (2013).
Contribuição das bombas de efluxo OqxAB para a resistência às quinolonas em bactérias produtoras de beta-lactamases de espetro alargado *Klebsiella pneumoniae*. *Journal of Antimicrobial Chemotherapy*, 68(1): 68-73.

Ronning, K. E.; Karlen, S. J.; Miller, E. B. e Burns, M. E. (2019). Perfil molecular de fagócitos mononucleares residentes e infiltrados durante a rápida degeneração da retina adulta usando sequenciamento de RNA de célula única. *Relatórios científicos*, 9(1): 1-12.

Ruan, Z.; Yu, Y. e Feng, Y. (2020). A disseminação global de infecções bacterianas requer o estudo da epidemiologia genômica reversa. *Briefings in bioinformatics*, 21(2): 741-750.

Sachdeva, R.; Sharma, B.e Sharma, R. (2017). Avaliação de diferentes testes fenotípicos para a deteção de metalo-ß-lactamases em *Pseudomonas aeruginosa* resistente a imipenem. *Journal of laboratory physicians*, 9(04):249-253.

Sako, A.; Yasunaga, H.; Matsui, H.; Fushimi, K.; Yanai, H.; Gu, Y. e Ohmagari, N. (2021). Hospitalização por infecções do trato urinário no Japão, 2010-2015: um estudo retrospetivo usando um banco de dados nacional de pacientes internados. *BMC doenças infecciosas*, 21(1): 1-10.

Salman, R. A. e Ghaima, K. K. (2018). Prevalência de genes ESBL em *Klebsiella pneumoniae* produtora de ESBL isolada de pacientes com infecções do trato urinário em Bagdá, Iraque. *Bioscience Research*,15(3): 2049-2059.

Sambrook, J. e Rusell, D.W. (2001). Molecular cloning: a laboratory manual. Cold spring Harbor, NY: Cold spring Harbor laboratory press. **Sambrook, J.; Fritgah, E. e Maniatis , T. (1989).** Molecular Cloning Labratory Manual. Cold Spring Harbour: Nova Iorque . Em Molecular cloning: a laboratory manual (pp. 1890-1890).

SAS. (2018). Sistema de Análise Estatística, Guia do Utilizador. Statistical. Versão 9.6th ed. SAS. Inst. Inc. Cary. N.C. EUA.

Sattar, A.; Mustafa, K. J.; Khan, A. F. e Khan, H. (2019). Uropatógenos e sua suscetibilidade a antibióticos comuns em pacientes adultos que se apresentam ao departamento de emergência de um hospital de cuidados terciários no Paquistão. *Jornal do Sul da Ásia de Medicina de Emergência*, 2(2): 29-36.

Schiwek, S.; Beule, L.; Vinas, M.; Pfordt, A.; von Tiedemann, A.e Karlovsky, P. (2020). Ensaio de curva de fusão de alta resolução (HRM) para a identificação de oito espécies de Fusarium que causam podridão da espiga no milho. *Pathogens*, 9(4): 270.

Schmittgen, T. D.e Livak, K. J. (2008). Análise de dados de PCR em tempo real pelo método comparativo de CT. *Protocolos da natureza*, 3(6): 1101-1108.

Schroeder, M.; Brooks, B. D. e Brooks, A. E. (2017). A complexa relação entre virulência e resistência a antibióticos. *Genes*, 8(1): 39.

Schroll, C.; Barken, K. B.; Krogfelt, K. A .e Struve, C. (2010). Papel das fímbrias de tipo 1 e tipo 3 na formação de biofilme de *Klebsiella pneumoniae. BMC microbiology*, 10(1): 1-10.

Schweizer, C.; Bischoff, P.; Bender, J.; Kola, A.; Gastmeier, P.; Hummel, M. e Pfeifer, Y. (2019). Transmissão mediada por plasmídeo da carbapenemase *KPC-2* em Enterobacteriaceae em pacientes criticamente enfermos. *Fronteiras em Microbiologia*, 10: 276.

Shanthi, J, e Balagurunathan, R. (2014). Caracterização de subcolónias heterorresistentes para MBL, genes AmpC em *Klebsiella pneumoniae* e *Acinetobacter baumannii. Revista indiana de microbiologia médica*, 32(2):210.

Sheppard, A. E.; Stoesser, N.; Wilson, D. J.; Sebra, R.; Kasarskis, A.; Anson, L. W. e Mathers, A. J. (2016). A mobilidade genética aninhada do tipo boneca russa impulsiona a rápida disseminação do gene de resistência ao carbapenem *bla KPC. Agentes antimicrobianos e quimioterapia*, 60(6): 37673778.

Shilpa, K. T. ; Rubyand, R. e Allavarapu, R. (2016). Isolamento e padrão de sensibilidade antimicrobiana de *Klebsiella pneumonia* a partir de amostras de expetoração num hospital de cuidados terciários. *Revista Internacional de Investigação Biomédica e Avançada.* 2(1): 58-64.

Slomka, M.; Sobalska-Kwapis, M.; Wachulec, M.; Bartosz, G. e Strapagiel, D. (2017). Derretimento de alta resolução (HRM) para genotipagem de alto rendimento - limitações e advertências em estudos de casos práticos. *Revista internacional de ciências moleculares*, 18(11): 2316.

Smelov, V., Naber, K.e Johansen, T. E. B. (2016). Classificação melhorada da infeção do trato urinário: considerações futuras. *Suplementos de Urologia Europeia*, 15(4): 71-80.

Stephens, A. J.; Inman-Bamber, J.; Giffard, P. M. e Huygens, F. (2008). Análise de fusão de alta resolução da região sparepeat de *Staphylococcus aureus. Clinical Chemistry*, 54(2): 432-436.

Sukmawinata, E.; Uemura, R.; Sato, W.; Thu Htun, M. e Sueyoshi, M. (2020). *Klebsiella pneumoniae* produtora de ESBL/AmpC multirresistente isolada de cavalos de corrida puro-sangue saudáveis no Japão. *Animals*, 10(3):369.

Surgers, L., Boyd, A., Girard, P. M., Arlet, G., & Decré, D. (2019). Formação de biofilme por cepas produtoras de ESBL de *Escherichia coli e Klebsiella pneumoniae. Jornal Internacional de Microbiologia Médica*, 309(1): 1318.

Tada, T.; Tsuchiya, M.; Shimada, K.; Nga, T. T. T.; Thu, L. T. A.; Phu, T. T. e Kirikae, T. (2017). Disseminação de isolados clínicos *de Klebsiella pneumoniae* resistentes a Carbapenem com várias combinações de Carbapenemases (*KPC-2, NDM-1, NDM-4 e OXA-48)* e 16S rRNA Metilases (RmtB e RmtC) no Vietname. *BMC infectious diseases*, 17(1): 1-7.

Tahmasebi, H.; Dehbashi, S. e Arabestani, M. R. (2018). Método de análise de curva de fusão de alta resolução para deteção de carbapenemases produzindo *pseudomonas aeruginosa. Jornal da Universidade do Instituto Krishna de Ciências Médicas,* 7(4): 70-7.

Tahmasebi, H.; Dehbashi, S. e Arabestani, M. R. (2020). Nova abordagem para identificar *Pseudomonas aeruginosa* resistente à colistina por ensaio de análise de curva de fusão de alta resolução. *Cartas em microbiologia aplicada,* 70(4):290- 299.

Tamburro, M. e Ripabelli, G. (2017). A fusão de alta resolução como ferramenta emergente rápida, fiável, precisa e rentável para a genotipagem de bactérias patogénicas e para o reforço da vigilância epidemiológica molecular: uma revisão exaustiva da literatura. *Annali di igiene : medicina preventiva e di comunità*, 29(4):

293-316.
Tan, C. e Chlebicki, M. (2016). Infecções do trato urinário em adultos. *Jornal médico de Singapura,* 57(9): 485.
Tangden, T. e Giske, C. (2015). Global dissemination of extensively drug resistant carbapenemase producing Enterobacteriaceae: clinical perspectives on detection, treatment and infection control. *Journal of Internal Medicine*, 277(5): 501-512.
Terlizzi, M. E.; Gribaudo, G.e Maffei, M. E. (2017). Infecções *por Escherichia coli* UroPatogênica (UPEC): fatores de virulência, respostas da bexiga, estratégias antimicrobianas antibióticas e não antibióticas. *Fronteiras em microbiologia*, 8: 1566.
Tong, S. Y. e Giffard, P. M. (2012). Aplicações microbiológicas da análise de fusão de alta resolução. *Jornal de microbiologia clínica*, 50(11): 3418-3421.
Tsereteli, M.; Sidamonidze, K.;, Tsereteli, D.; Malania, L.e Vashakidze, E. (2018). Epidemiologia de *Klebsiealla pneumoniae* resistente a carbapenem Unidades de terapia intensiva de hospital multiprofissional em TBILISI, GEORGIA. *Notícias Médicas da Geórgia*, (280-281): 164-168.
Tzouvelekis, L. S.; Markogiannakis, A.; Piperaki, E.; Souli, M. e Daikos, G. L. (2014). Tratamento de infecções causadas por Enterobacteriaceae produtoras de carbapenemase. *Microbiologia Clínica e Infeção*, 20(9): 862-872.
Ulu, A. C.; Gökmen, T. G.; Kibar, F.; Kurtaran, B.; Önlen, C.; Kusçu, F., *et al.* (2017). Epidemiologia molecular de *Klebsiella pneumoniae* resistente a carbapenem num centro turco: O aumento da resistência é uma ameaça para a Europa? *Journal of Global Antimicrobial Resistance*, 11: 1016.
Van Der Linden, M.; Murre, J. M. e van Turennout, M. (2008). Birds of a feather flock together: experience-driven formation of visual object categories in human ventral temporal cortex. *PLoS One*, 3(12): e3995.
van der Stoep, N.; van Paridon, C. D.; Janssens, T.; Krenkova, P.; Stambergova, A., Macek, M. e Bakker, E. (2009). Diretrizes de diagnóstico para a análise da curva de fusão de alta resolução (HRM): Uma validação interlaboratorial do rastreio de mutações BRCA1 utilizando o LightScanner™ de 96 poços. *Human mutation*, 30(6): 899-909.
Van Duin, D. e Doi, Y. (2017). A epidemiologia global das Enterobacteriaceae produtoras de carbapenemase. *Virulence*, 8(4): 460-469.
Varughese, L. R. e Beniwal, V. (2015). Padrão de elevada resistência às quinolonas entre os agentes patogénicos entéricos isolados de doentes com infeção do trato urinário. *Indian Journal of Biotechology*,4:167-171.
Vivas, R., Dolabella, S. S., Barbosa, A. A. T., e Jain, S. (2020). Prevalência de *Klebsiella pneumoniae* carbapenemase e *K. pneumoniae* positiva para metalo-beta-lactamase de Nova Delhi em Sergipe, Brasil, e terapia combinada como uma opção de tratamento potencial. Revista DaSociedade Brasileira de Medicina Tropical, 53: e20200064.
Walker, K.A. e V.L. Miller. (2020) A intersecção da expressão do gene da cápsula, hipermucoviscosidade e hipervirulência em *Klebsiella pneumoniae. Opinião atual em*

microbiologia, 54: 95-102.

Walsh, T. R. (2005). The emergence and implications of metallo-ß-lactamases in Gram-negative bacteria. *Microbiologia clínica e infeção: a publicação oficial da Sociedade Europeia de Microbiologia Clínica e Doenças Infecciosas*, *11* (6): 2-9.

Wang, N.; Zhan, M.; Liu, J.; Wang, Y.; Hou, Y.; Li, C. e Zhang, W. (2022). Prevalência de infeção *por Klebsiella pneumoniae* resistente a carbapenem em uma província do norte da China: Clinical Characteristics, Drug Resistance, and Geographic Distribution (Caraterísticas clínicas, resistência aos medicamentos e distribuição geográfica). *Infection and Drug Resistance*, 15, 569-579.

Wang, Q.; Wang, X.; Wang, J.; Ouyang, P.; Jin, C.; Wang, R. e Wang, H. (2018). Caracterização fenotípica e genotípica de Enterobacteriaceae resistentes a carbapenem: dados de um estudo longitudinal de CRE em larga escala na China (2012-2016). *Doenças Infecciosas Clínicas*, 67(2): S196- S205.

Wang, Y.; Lo, W. U.; Lai, R. W. M.; Tse, C. W. S.; Lee, R. A.; Luk, W. K. e Ho, P. L. (2017). Plasmídeo epidémico IncN ST7 transportando *bla IMP-4* em isolados de Enterobacteriaceae com ligações epidemiológicas a múltiplas áreas geográficas na China. *Journal of Antimicrobial Chemotherapy*, 72(1): 99-103.

Wassef, M.; Behiry, I.; Younan, M.; El Guindy, N.; Mostafa, S.e Abada, E. (2014). Identificação genotípica da produção de ß-lactamases AmpC em isolados *de Bacilos* gram-negativos. *Jundishapur journal of microbiology*, 7(1) :e8556.

Watanabe, M.; Iyobe, S.; Inoue, M. e Mitsuhashi, S. (1991). Resistência transferível ao imipenem em Pseudomonas aeruginosa. *Antimicrobial agents and chemotherapy*, 35(1): 147-151.

White, B. (2011). Diagnosis and treatment of urinary tract infections in children (Diagnóstico e tratamento de infecções do trato urinário em crianças). *American family physician*, 83(4): 409-415.

Wiegand, I.; Hilpert, K.e Hancock, R. E. (2008). Métodos de diluição em ágar e caldo para determinar a concentração inibitória mínima (CIM) de substâncias antimicrobianas. *Protocolos da natureza*, 3(2): 163-175.

Woksepp, H.; Ryberg, A.; Billström, H.; Hällgren, A.; Nilsson, L. E.; Marklund, B. I. e Schön, T. (2014). Avaliação da análise da curva de fusão de alta resolução da PCR em tempo real mediada por ligação, um método rápido para a tipagem epidemiológica de *patógenos* ESKAPE (*Enterococcus faecium, Staphylococcus aureus, Klebsiella pneumoniae, Acinetobacter baumannii, Pseudomonas aeruginosa e espécies de Enterobacter). Jornal de microbiologia clínica,* 52(12): 4339-4342.

Won, H.; Rothman, R.; Ramachandran, P.; Hsieh, Y.; Kecojevic, A.; Carroll, K.; Aird, D.; Gaydos, C.e Yang, S. (2010). Identificação rápida de agentes patogénicos bacterianos em frascos de hemocultura positivos através da utilização de um ensaio de PCR de base ampla associado a uma análise de fusão de alta resolução. *Jornal de microbiologia clínica,* 48 (9): 3410-3413.

Workowski, K. A. e amp; Bolan, G. A. (2015). Diretrizes de tratamento de doenças sexualmente transmissíveis, 2015. MMWR. Recomendações e relatórios: Relatório semanal de morbidade e mortalidade. Recomendações e relatórios, 64(RR-03): 1-137.

WU, J. F. e WEI, R. Y. (2005). U Zhiyong. Application of Wavelet Analysis in Vibrating Signal Analysis of Locomotive Bogie, *Journal of Vibration and Acoustics* ,25(5):22-25.

Xu, C.; Wang, D.; Zhang, X.; Liu, H.; Zhu, G.; Wang, T.e Jin, Y. (2020). Mecanismos para a rápida evolução da resistência ao carbapenem em um isolado clínico de *Pseudomonas aeruginosa. Frontiers in microbiology*, *11*: 1390.

Yadegarynia, D.; Karimi, J.; Rahmati Roodsari, S.e Arab-Mazar, Z. (2017). Avaliação da resistência antimicrobiana de *Klebsiella pneumoniae* pelo método E-Test no Hospital Khatam_ol_Anbia, Teerão, Irão, durante 2015. *Infeção Epidemiologia e Microbiologia*, 3(1): 9-11.

Yamagishi, T.; Matsui, M.; Sekizuka, T.; Ito, H.; Fukusumi, M.; Uehira, T. e Oishi, K. (2020). Um surto prolongado de várias espécies de Enterobacterales IMP-6 produtoras de carbapenemase devido à transmissão horizontal do plasmídeo IncN. *Relatórios científicos*, 10(1): 1-9.

Yamamoto, M. e Pop-Vicas, A. E. (2014). Tratamento de infecções com Enterobacteriaceae resistentes a carbapenem: que opções ainda temos? *Critical Care*, 18(3): 1-8.

Yang, D. e Zhang, Z. (2008). As estirpes *de Klebsiella pneumoniae* formadoras de biofilme têm maior probabilidade de produzir ß-lactamases de espetro alargado. *Journal of Hospital Infection*, 68(4):369-371.

Yang, S.; Ramachandran, P.; Rothman, R.; Hsieh, Y.; Hardick, A.; Won, H.; Kecojevic, A.; Jackman, J. e Gaydos, C. (2009). Identificação rápida de ameaças biológicas e outras espécies bacterianas clinicamente relevantes através da utilização de PCR universal associada a uma análise de fusão de alta resolução. *Jornal de microbiologia clínica*, 47 (7), 2252-2255.

Yao, H.; Qin, S.; Chen, S.; Shen, J. e Du, X.D. (2018). Emergência de *Klebsiella pneumoniae* hipervirulenta resistente a carbapenem. The Lancet Infectious Diseases, 18(1):25.

Yazdansetad, S.; Alkhudhairy, M. K.; Najafpour, R.; Farajtabrizi, E.; AlMosawi, R. M.; Saki, M. e Ameri, A. (2019). Pesquisa preliminar de ß-lactamases de espetro estendido (ESßLs) no uropatógeno nosocomial *Klebsiella pneumoniae* no centro-norte do Irã. *Heliyon*, 5(9): e02349.

Ye, Y., Xu, L.; Han, Y.; Chen, Z.; Liu, C. e Ming, L. (2018). Mecanismo de resistência ao carbapenem de isolados clínicos de Enterobacteriaceae. *Medicina experimental e terapêutica*, 15(1):1143-1149.

Yigit, H.; Queenan, A.; Anderson, G. ; Domenech-Sanchez, A.; Biddle, J. ; Steward, C e Tenover, F. (2001). Nova ß-lactamase hidrolisante de carbapenem, KPC-1, de uma estirpe de *Klebsiella pneumoniae* resistente a carbapenem. *Antimicrobial Agents and Chemotherapy*, 45(4):1151-1161.

Yong, D.; Toleman, M. A.; Giske, C. G.; Cho, H. S.; Sundman, K.; Lee, K. e Walsh, T. R. (2009). Caracterização de um novo gene de metalo-ß-lactamase, bla

NDM-1, e de um novo gene de eritromicina esterase transportado numa estrutura genética única na sequência de *Klebsiella pneumoniae* tipo 14 da Índia. *Antimicrobial agents and chemotherapy*, 53(12): 5046-5054.

Yu, Y.; D.O. Andrey, R.-S.; Yang, K.; Sands, U.; Tansawai, M.; Li. e et al. (2020). Uma estirpe *de Klebsiella pneumoniae* com mcr-1 e mcr-3 de um ser humano na Tailândia. *Journal of Antimicrobial Chemotherapy,* 75(8): 2372-2374.

Yu, Y.; Zhou, W.; Chen, Y.; Ding, Y. e Ma, Y. (2002). Estudo epidemiológico e de resistência a antibióticos sobre *Escherichia coli* e *Klebsiella pneumoniae* produtoras de beta-lactamase de espetro alargado na província de Zhejiang. *Chinese Medical Journal* , 115(10):1479-1482.

Yusuf, M.; Begum, A. e Ahsan, C. (2015). Padrão de sensibilidade antibiótica de bacilos uropatogénicos gram-negativos num hospital privado na cidade de Dhaka .Al *Ameen Journal of Medical Sciences* ,8(3): 189-194.

Zammit, S. C.; Azzopardi, N. e Sant, J. (2014). Escore de risco de mortalidade para bacteriemia *por Klebsiella pneumoniae. Revista Europeia de Medicina Interna,* 25(6): 571-576.

Zhanel, G. G.; Wiebe, R.; Dilay, L.; Thomson, K.; Rubinstein, E.; Hoban, D. J. e Karlowsky, J. A. (2007). Comparative review of the carbapenems. *Drugs*, 67(7):1027-1052.

Zhang, R.; Liu, L.; Zhou, H.; Chan, E. W.; Li, J., Fang, Y. e Chen, S. (2017). Vigilância nacional de cepas clínicas de Enterobacteriaceae (CRE) resistentes a carbapenem na China. *EBioMedicine*, 19:98-106.

Zhao, D.; Zuo, Y.; Wang, Z. e Li, J. (2019). Caracterizar isolados *de Klebsiella pneumoniae* resistentes a carbapenem para pneumonia nosocomial e seus vizinhos de bactérias Gram-negativas no trato respiratório. *Relatórios de biologia molecular,* 46(1): 609-616.

Zhao, W. H. e Hu, Z. Q. (2013). Epidemiologia e genética das ß-lactamases de espetro alargado CTX-M em bactérias Gram-negativas. *Revisões críticas em microbiologia*, 39(1): 79-101.

Zimmerman, F. S.; Assous, M. V.; Bdolah-Abram, T.; Lachish, T.; Yinnon, A. M. e Wiener-Well, Y. (2013). Duração do transporte de Enterobacteriaceae resistentes a carbapenem após a alta hospitalar. *Revista americana de controlo de infecções*, 41(3):190-194.

Zowawi, H. M.; Forde, B. M.; Alfaresi, M.; Alzarouni, A.; Farahat, Y.; Chong, T. M. e Paterson, D. L. (2015). Evolução gradual da resistência aos pandrógenos em *Klebsiella pneumoniae. Relatórios científicos*, *5*(1): 18.

Apêndice (1): Sensibilidade dos isolados *de K. pneumonia* pelo sistema VITEK 2

Isolate: 114-1 (Approved)
Card Type: AST-N417 Bar Code: 0191915504564493 Testing Instrument: 0000148FF939 (8538)
Setup Technologist: Laboratory Administrator(Labadmin)
Organism Quantity: **Selected Organism: Klebsiella pneumoniae**

Comments:	

Identification Information	
Organism Origin	Technologist
Selected Organism	Klebsiella pneumoniae
	Entered: Jan 24, 2021 10:47 CST **By:** Labadmin
Analysis Messages:	

Susceptibility Information	**Card:**	AST-N417	**Lot Number:**	0191915504	**Expires:**	Feb 23, 2023 12:00 CST
	Status:	Final	**Analysis Time:**	9.95 hours	**Completed:**	Jan 23, 2021 05:11 CST

Antimicrobial	MIC	Interpretation	Antimicrobial	MIC	Interpretation
Amoxicillin/Clavulanic Acid	>= 32	R	Imipenem	>= 16	R
Piperacillin/Tazobactam	>= 128	R	Meropenem	>= 16	R
Cefazolin	>= 64	R	Amikacin	32	I
Cefuroxime	>= 64	R	Gentamicin	>= 16	R
Cefuroxime Axetil	>= 64	R	Ciprofloxacin	>= 4	R
Ceftazidime	>= 64	R	Fosfomycin	32	S
Ceftriaxone	>= 64	R	Nitrofurantoin	128	R
Cefepime	>= 32	R	Trimethoprim/ Sulfamethoxazole	>= 320	R
Ertapenem	>= 8	R			

AES Findings:	**Last Modified:** Jan 2, 2021 14:45 CST **Parameter Set:** Global CLSI-based +Phenotypic 2019	
Confidence Level:	Consistent	
Phenotypes flagged for review:	BETA-LACTAMS	IMPERMEABILITY CARBA (+ESBL OR +HL AmpC),CARBAPENEMASE (+ OR - ESBL)
	AMINOGLYCOSIDES	RESISTANT GEN TOB NET AMI

Installed VITEK 2 Systems Version: 9.02
MIC Interpretation Guideline: Global CLSI-based 2019
AES Parameter Set Name: Global CLSI-based+Phenotypic 2019

Therapeutic Interpretation Guideline: PHENOTYPIC 2019
AES Parameter Last Modified: Jan 2, 2021 14:45 CST

Page 1 of 2

Anexos (2): Distribuição da amostra do estudo de acordo com os grupos etários

Grupo de idade (ano)	Número	Percentagem (%)
15 - 25	13	16.25%
26 - 35	17	21.25 %
36 - 45	20	25 %
>45	30	37.5 %
Total	80	100%
Qui-Quadrado $(\chi)^2$	-	7.901 *
Valor de p	-	0.0481
* (P<0.05).		

Apêndice (3): Percentagem de suscetibilidade antimicrobiana de 80 isolados de *K. pneumoniae* de doentes com ITU contra 18 antibióticos.

Antibiótico	R (%)	S (%)	I (%)	Valor LSD
AK	36 (45)	26 (32.5)	18(22.5)	8.31 **
CN	40 (50)	38 (47.5)	2 (2.5)	10.07 **
TOB	32 (40)	46 (57.5)	2 (2.5)	8.94 **
RA	78 (97.5)	2 (2.5)	0	12.37 **
CAZ	72 (90)	6 (7.5)	2(2.5)	10.69 **
CTX	74 (92.5)	2 (2.5)	4 (5)	1088 **
CRO	70 (87.5)	8 (10)	2 (2.5)	9.42 **
IMP	50 (62.5)	18 (22.5)	12 (15)	7.69 **
MEM	40 (50)	28 (35)	12 (15)	9.02 **
CL	14 (17.5)	38(47.5)	28 (35)	6.42 **
TGC	14(17.5)	40 (50)	26(32.5)	6.58 **
CIP	44 (55)	24 (30)	12 (15)	7.81 **
TE	38(47.5)	32(40)	10(12.5)	7.05 **
AM	78 (97.5)	2(2.5)	0	11.47 **
PRL	72 (90)	2 (2.5)	6 (7.5)	11.16 **
ATM	70 (87.5)	10 (12.5)	0	10.43 **
SXT	68 (85)	12 (15)	0	10.07 **
LVE	32 (40)	28 (35)	II 20 (25) II	7.32 **
FEP	72 (90)	2 (2.5)	6 (7.5)	9.23 **
Valor LSD	12.55 **	10.71 **	7.94 **	-
** (P<0.01).				

R: Resistente, S: Sensível, I: Intermédio.

Apêndice (4): Expressão genética de isolados de *K. pneumoniae* com o gene *bla-IMP*

Isolados	16s rRNA	*bla-IMP*	ACt	AACt	Dobrável
K2 Treted	13.79	39	25.21	16.85	8.4 ±0.78
K3	22.92	34.98	12.06	-1.05	2.0 ±0.17
K5	17.36	27.33	9.97	-0.6	1.5 ±0.09
K9	18.38	29.84	11.46	-1.11	2.1 ±0.15

K25	19.08	30.69	11.61	-1.71	3.2 ±0.26
Controlo K2	21.91	30.27	8.36	0	1 ±0.00
K3	15.04	28.15	13.11	0	1 ±0.00
K5	18.88	29.45	10.57	0	1 ±0.00
K9	23	35.57	12.57	0	1 ±0.00
K25	16.65	29.97	13.32	0	1 ±0.00
Valor de p	-	-	-	-	0.0052 **
** (P<0.0 !)-					

Apêndice (5): Expressão genética de isolados de *K. pneumoniae* com o gene *bla-VIM*

Isolados	16s rRNA	***bla-VIM***	**ACt**	**AACt**	**Dobrável**
K2 Treted	13.79	33.85	20.06	16.87	8.3 ±0.76
K3	22.92	33.83	10.91	-2.5	5.6 ±0.41
K5	17.36	28.72	11.36	-0.65	1.5 ±0.15
K9	18.38	22.45	4.07	-0.41	1.3 ±0.08
K25	19.08	24.81	5.73	-2.62	6.1 ±0.37
Controlo K2	21.91	25.1	3.19	0	1 ±0.00
K3	15.04	28.45	13.41	0	1 ±0.00
K5	18.88	30.89	12.01	0	1 ±0.00
K9	23	27.48	4.48	0	1 ±0.00
K25	16.65	25	8.35	0	1 ±0.00
Valor de p	-	-	-	-	0.0001 **
** (P<0.01).					

الخلاصة

الكليبسيلا الرئوية هي واحدة من مسببات الأمراض الرئيسية بين مرضى المسالك البولية ذات المقاومة العالية لمعظم المضادات الحيوية المستخدمة في العلاج وخاصة المضادات الحيوية الكاربيبنيمات . في هذه الدراسة تم جمع 250 عينة ادرار من مرضى التهابات المجاري البولية من مستشفيات بغداد في المدة من بداية تشرين الثاني 2020 حتى نهاية اذار 2021 .تم زراعة جميع عينات الادرار على وسط الماكونكي والوسط الانتقائي الكروم اكار بواسطة لوب معقم وتم الحصول على ثمانون عزلة الكليبسيلا الرئوية وتاكيدها بجهاز الفايتك وكانت نسبت البكتريا من بقية الانواع 30%، حيث كان انتشار العزلات أعلى في الإناث 72.5% مقارنة بالذكور27% , كانت اعلى نسبة للاصابة الكليبسيلا الرئوية في الفئة العمرية 45 سنة 37% بينما كانت اقل فئة عمرية 25-15 سنة نسبتها16.25%.

تم تحديد اختبار الحساسية للمضادات الحيوية لجميع العزلات بطريقة الانتشار بالاقراص ، وكانت العزلات مقاومة للعديد من المضادات ، حيث كان معدل المقاومة 97.5% لأميكاسين وريفامبيسين ، 92.5% لسيفوتاكسيم ، سيفتازيديم وبيبيراسيلين تليها90%. إلى سيفترياكسون وأزترونام 87.5% ، تريميثوبريم/ سلفاميثوكسازول وسيفيبيم 85%, وإيميبينيم 62.5%,بينما سجلت أقل مقاومة للكوليستين والتيجاسايكلين 17.5%.

تم استخدام تفاعل البوليميراز المتسلسل للكشف عن جينات ا لكاربينميات والتي تضمنت-*bla* *OXA48* و *bla-VIM* و *bla-IMP* و *bla-KPC* و *bla-NDM* ، وأظهرت النتائج أن الجينات الأكثر انتشارًا كانت 37.5% *bla-IMP* , 30% 48 *bla-OXA* , 28.75% *bla-VIM* , -*bla* *KPC* 20% تليها ,11.25% *bla-NDM* ,أظهرت معظم العزلات التي تحتوي على جينات الكاربينيم مقاومة عالية لمعظم السيفالوسبورينات والكارباپينيمات.

هدفت هذه الدراسة إلى تطوير تفاعل البوليمريز المتسلسل المتعدد مع تحليل الذوبانية عالي الدقة للكشف السريع والدقيق عن خمس جينات للكلبسيلا الرئوية المقاومه للكاربينيم بالاظافة الى جين التدبر المنزلي ,تم تصميم ستة ازواج من البادئات عن طريق برنامج البيكوين ,وتحديد الجينات عن طريق ذوبان المنحنيات ودرجات الحرارة ويعد هو اول اختبار للكشف السريع والدقيق عن الجينات بواسطة تقنية تحليل الذوبانية عالي الدقة بستخدام ثنائي الانبوب مما يتيح الكشف المتزامن عن خمسة من أهم أجينات المقاومة للجيل الثالث من السيفالوسبورينات والكاربابينيمات.

في أنبوب اللوحة الأول تضمن التفاعل *bla-IMP*,*bla-VIM*, و*bla-NDM*,كانت قيم درجة حرارة الانصهار (81.1 درجة مئوية ، 84.5 درجة مئوية ، 86.1 درجة مئوية) على التوالي .

بينما احتوى الأنبوب اللوح الثاني على تفاعل 16S rRNA و *bla-OXA48* و *bla-KPC* , كانت قيم درجة حرارة الانصهار(84.5 درجة مئوية ، 81.7 درجة مئوية ، 89.35 درجة مئوية) على التوالي في دورة واحدة لمدة ساعتين كانت النتيجة الأكثر انتشارًا هي *bla-IMP* 38.75%, *bla-OXA48* 36.25%, *bla-VIM* 36.25%, *bla-KPC* 21.25%, و*bla-NDM* 13.75%.

أظهرت مقارنة طرق للكشف الجزيئي عن الجينات المقاومة للكليبسيلا الرئوية بين استخدام تفاعل البوليميراز المتسلسل و تفاعل البوليمريز المتسلسل المتعدد مع تحليل الذوبانية عالي الدقة حيث يكون تفاعل تحليل الذوبانية عالي الدقة أكثر دقة وأسرع وأرخص وادق لان يكون لكل جين درجة انصار خاصة بة ووقتها قليل مقارنة بتقنية البوليمريز المتسلسل . تم قياس التعبير الجيني في مقاومة الكاربينيم من اجل تقيم دور الجينات *bla-IMP* و*bla-VIM* بوجود وغياب المضاد الحيوي الميروبنيم بواسطة التركيزتحت المثبط الادنى ,تم الكشف عن وجود جينات *bla-IMP* و *bla-VIM* بواسطة RT-PCR .

أظهرت نتائج هذه الدراسة أن مستوى التعبير الأعلى لـ *bla-IMP* و *bla-VIM* زاد في السلالات المقاومة في وجود المضاد الميروبينيم ، حيث كان نطاق أضعاف التعبير الجيني لـ *bla-VIM* 1.3 إلى 8.3 ، بينما كان الجين لـ *bla-IMP* 1.5 إلى 8.4 ، بالتوافق مع عنصر التحكم.

جمهورية العراق
وزارة التعليم العالي والبحث العلمي
جامعة بغداد
معهد الهندسة الوراثية والتقنيات الاحيائية
للدراسات العليا

تقنية تحليل عالي الدقة المتعدد كوسيلة تشخيصية للكشف عن الجينات المقاومة للكاربابينيمات في بكتريا الكليبسيلا الرئوية المعزولة من مرضى التهاب المجاري البولية

أطروحة مقدمة الى

مجلس معهد الهندسة الوراثية والتقنيات الاحيائية للدراسات العليا / جامعة بغداد / وهي جزء من متطلبات نيل درجة الدكتوراه في الهندسة الوراثية والتقنيات الاحيائية

من قبل الطالبه

شهد طارق حمد احمد

بكالوريوس علوم الحياة / كلية العلوم / جامعة تكريت / 2014
ماجستير في كلية العلوم قسم علوم حياة / جامعة تكريت/ 2017

بإشراف

أ.د. قيس قاسم غيمة

1444 هـ 2022 م

MIX
Papier aus verantwortungsvollen Quellen
Paper from responsible sources
FSC® C105338

Printed by Books on Demand GmbH, Norderstedt / Germany